Celebrando la Humanidad

El globo terrestre hace 2 mil millones de años

Dr. Milton Franklin

Centro de Desarrollo Intelectual

Celebrando la Humanidad

ISBN 9781627190169
Celebrando la Humanidad
Milton Franklin, Autor
Yolanda Franklin, Jefe de Redacción
Publicado por Vizcaya International Inc.

Tabla de Contenido

DEDICACIÓN

Este folleto está dedicado a los hombres y mujeres de todas las edades que se atreven a pensar, enfrentándose a la avalancha de intimidación perpetuamente desatada por individuos sin sentido impulsados por el dogma en todos los países del mundo. La declaración simple pero poderosa que se hace con este escrito es que la era de la intimidación ha llegado a su fin. La reunión de pensadores que representa este libro es un proceso que no se disculpa por las ideas que promueve, y no se detendrá ante nada para fortalecer a quienes se atreven a pensar.

Pensadores de todas las edades que deseen practicar la honestidad intelectual yendo hacia donde sus pensamientos los llevan encontrarán un hogar acogedor en nuestra organización, el Centro para el Desarrollo Intelectual. Es el cuerpo organizado del que dependemos para llevar a cabo la simple idea de que las bocas ruidosas y los intimidadores ya no controlan la conversación entre humanos. En resumen, está escrito para los hombres y mujeres jóvenes de todo el mundo que tienen el deseo de saber.

Comprar este libro, es un salto de fe, que lo transformará de ser un humano ordinario a una persona de mentalidad clara con el vigor y la vitalidad para alterar la historia para el bienestar de la humanidad.

.

INTRODUCCIÓN

Es difícil traer a la mente un período tan complejo como el que presenciamos hoy. Hallarle sentido a lo que ocurre en nuestros tiempos requiere de un esfuerzo extraordinario, para muchos este es una vida sin sentido. Justo cuando pensaba que mis años de cruzada, de dedicación a la causa habían quedado atrás, me enfrento a este dilema que me obliga a hablar no en nombre de nadie en particular, sino al afirmar una realidad que muchos son incapaces de entender.

Después de las revelaciones científicas de los últimos doscientos años es imposible creer que la especie humana; casi en su totalidad; se dejar engañar por la mitología y un pensamiento sumamente infantil. Lo más emblemático de este pensamiento infantil es la gran cantidad de seres humanos que denuncian la ciencia mientras sostienen en forma desesperada a su teléfono celular, uno de los mayores logros de la ciencia de todos los tiempos. Han habido otros logros significativos en la ciencia en nuestros tiempos, pero ninguno que nos domina de la forma como lo ha hecho el teléfono celular.

La portada de este folleto con la representación del planeta Tierra hace aproximadamente 2 mil millones de años constituye pieza indispensable de todos los diálogos que se dan en este proceso. Fue tomada de la NASA para propósitos educativos. La portada trasera fue una creación de Milton Franklin Jr. hace 15 cuando este tenía apenas 15. E una de las pocas representaciones que nos presenta la realidad en cuanto a la diferencia en tamaño entre el sol y la tierra. La aceptación de esta realidad deja a un lado las deidades inventadas y obligan al elemento humano a concentrarse mayormente en lo que es real. Estas religiones y estos conceptos religiosos se inventaron para asistir a la especie en superar la confusión y la incertidumbre en las épocas donde el conocimiento científico era muy limitado, pero los tiempos han cambiado enormemente, las evidencias científicas nos acercan más y más a la realidad. La realidad científica es dura y difícil de aceptar por lo que se requiere de múltiples generaciones para que este tome efecto y tenga impacto en el futuro de la humanidad.

Hace 600 años investigaciones llevada a cabo por el científico Polaco Nicolas Copérnico (1464-1543) revelaron al mundo occidental que no era el Sol el que gira alrededor de la tierra sino lo contrario. El concepto del geocentrismo reino en casi todas las culturas hasta que científicos como Copérnico y otros decidieron retarlo. Estos hallazgos científicos se suprimieron porque las instituciones religiosas de su tiempo no lo permitían porque iban en contra de los edictos sagrados de la iglesia. Muchos pagaron con sus vidas al hacerle frente a la ignorancia de la iglesia pero al final las evidencias ganaron la batalla y las masas quedaron un tanto menos ignorantes. Hoy día el concepto Heliocentrista reina sobre la humanidad, no como teoría sino como parte de una realidad indiscutible. Han habido muchas otras revelaciones científicas desde entonces pero estas tampoco han podido penetrar la subconsciencia de las masas que aún permanecen bajo la influencia negativa del dogma religioso. Ese es el objetivo primordial de la propuesta que este y otros libros de esta serie representan. Para ese propósito la ***Psicología Científica*** es introducida. Esta teoría revela la relación que ha de existir entre la ciencia y la práctica de la psicología, en especial la psicoterapia. Para su salud la mente humana requiere de una relación estrecha con el mundo real. Más de tres décadas en la práctica de la de psicoterapia me han revelado que la posesión de información evidenciaría sobre el mundo real inocula al individuo contra el engaño y la manipulación. Se espera que con el tiempo las masas logren desarrollar la capacidad de procesar información evidenciaría relacionada a su propio existencia. Por el momento, los aptos manipuladores seguirán manteniendo su ventaja sobre los pobres seres que consideran inferiores.

El Centro para el Desarrollo Intelectual, una organización sin fines de lucro legalmente registrada en el Estado de Florida y en Costa Rica, ha tenido un gran éxito en el uso de la psicología científica, tanto en sus intervenciones terapéuticas como en sus talleres psicoeducativos. El proceso es fortaleciente porque elimina la noción de víctima del que padecen muchos seres humanos especialmente aquellos abusados en su niñez. De forma efectiva este proceso los conduce al punto de hacerse cargo de sus propias vidas emocional e intelectualmente.

El método es alarmantemente simple, la única dificultad que enfrenta es el efecto hipnótico y narcotizante que la religión sostiene sobre la población. Para los que ya han superado el hechizo del dogma, este método ha tenido efectos positivos de largo alcance.

El énfasis en el intelecto es natural y orgánico porque hemos presenciado por anos el daño social que ocurre cuando los seres permanecen en la ignorancia. Puede que tengamos un efecto limitado en la causa del desarrollo intelectual pero esos pocos son motivo de gran celebración dada la realidad de nuestros tiempos. La causa es simple y las expectaciones son modestias, cosa que hace difícil el fracaso. La invitación al dialogo y el crecimiento intelectual no son razones de polémica ya que no representan amenaza alguna.

DESGLOCE DE TÉRMINOS

Es costumbre en la escritura académica definir los términos utilizados en el documento o libro que se está escribiendo, y aunque este manual se aparta algo de los rigores de la escritura académica, esta es una característica que no debe ser excluida.

Ciencia:

Definimos la ciencia como la compilación, catalogación y análisis de la evidencia sobre cualquier tema que se emprenda para el estudio.

La Sexualidad:

La atracción que un ser vivo tiene por otro, independientemente de su género.

SSA:

La atracción automática e involuntaria que las personas del mismo género desarrolla el uno para el otro.

Religión:

El proceso mediante el cual los seres humanos buscan identificarse con las fuerzas responsables de su existencia. Sus raíces etimológicas se encuentran en latín. Re-ligare = Re-conectar.

Dios:

La fuerza responsable por la existencia del Universo.

Psicología:

El estudio de la psique o el alma. Una palabra que también es de extracción latina. Psique=Alma Logos=Estudio.

Racismo:

La idea errónea de que algunos seres humanos son por naturaleza superiores a otros.

Prejuicio:

El acto de juzgar negativamente a alguna persona o grupo, previo a algún esfuerzo por conocerlos.

La Grasa:

Un producto alimenticio compuesto de largas cadenas de átomos de carbono (C). Algunos átomos de carbono están unidos por enlaces simples (-C-C-) y otros están unidos por enlaces dobles (-C=C-).

Grasa saturada:

Un tipo de grasa en la que los átomos de carbono están todos unidos con enlaces simples.

Hidrogenación:

Un proceso en el que los átomos de grasa de doble enlace reaccionan con hidrógeno para formar enlaces simples. Se llaman saturadas porque el segundo enlace se rompe y cada mitad del enlace está unido o saturado con un átomo de hidrógeno. Las grasas saturadas tienden a ser sólidas a temperatura ambiente, mientras que las grasas insaturadas tienden a ser líquidos a temperatura ambiente.

Grasas Trans:

El término grasa trans es un proceso industrial altamente complejo en el que las moléculas de hidrógeno se añaden a los aceites vegetales líquidos para hacerlos más sólidos. Este proceso causa la inestabilidad en la molécula de la grasa haciéndola menos digestible al cuerpo humano. Las grasas elevan los niveles de LDL de la persona (Lípidos de Baja Densidad) conocidos como colesterol malo, y disminuyen los buenos niveles de HDL o (Lípidos de Alta Densidad) en el cuerpo o niveles de colesterol bueno.

El término trans significa que uno o más átomos de hidrógeno se situados a lados opuestos de la cadena de ácidos.

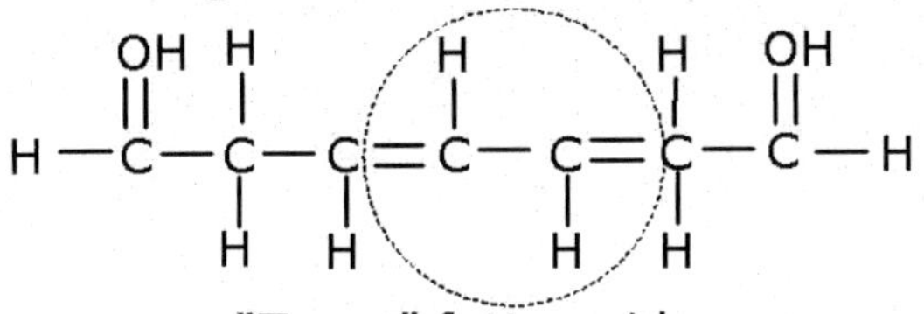

"Trans" fatty acid

Grasa Cis

Cuando los aceites son hidrogenados, no es posible controlar dónde aterrizan los átomos de hidrógeno. Si ambos átomos de hidrógeno terminan en el mismo lado de la estructura, se Llama grasa Cis.

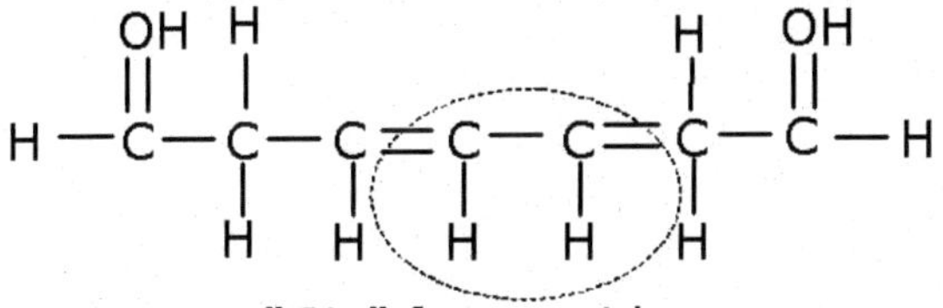

"Cis" fatty acid

LA SICOLOGÍA CIENTÍFICA

La Sicología Científica describe la relación que existe o ha de existir entre los descubrimientos científicos en todas las edades, y la práctica de la psicología y la psicoterapia. Mis propias experiencias de más de tres décadas dedicadas a la práctica de la psicoterapia me han revelado que la introducción de esta información evidenciaría y científica tiene la capacidad de elevar al elemento humano creando entre ellos un diálogo más sensato y mayor entendimiento.

Van ya varios siglos que los investigadores científicos nos hayan estado brindando información sobre el mundo en que vivimos y el escenario cosmológico del cual somos parte. Sin embargo, las influencias religiosas no han permitido que esa información le llegue a las masas de forma debida. Es por eso que el prejuicio, el odio y el racismo continúan siendo parte indeleble de las relaciones humanas. Desafortunadamente, esos sentimientos negativos que muchas veces permanecen solo en la subconsciencia, reciben el apoyo tácito de la iglesia no importa su rango o su El Centro de Desarrollo Intelectual y sus líderes están dedicados a combatir la ignorancia y la falta de conocimiento que conducen a estos grandes males.

Antes de continuar es importante que definamos lo que es la ciencia y el significado que lleva este término en nuestro dialogo. El diccionario lo define como la rama del saber humano constituida por el conjunto de conocimientos objetivos y verificables sobre una materia determinada. Esta información es obtenida mediante la observación y la experimentación. Con esta definición podemos observar los beneficios que nos ha brindado la ciencia y las múltiples formas en que éste haya contribuido a la práctica de la sicología.

La rama de la sicología es la que se encarga de aclarar las confusiones que se dan entre los individuos, grupos y aun entre los pueblos. Gracias a los científicos muchas de las falsedades que han regido en las relaciones han sido confrontadas y expuestas como tal. A pesar de que la información que nos brindan los científicos no ha penetrado a todos los campos sociales, hasta cierto punto sus esfuerzos han en gran parte nivelado el campo de juego por lo menos en cuanto a la sicología se refiere. Tarde o temprano la especie humana se dará cuenta que lo que tienen en común es mucho más grande que lo que los divide. Por el momento y por razones obvias, les es difícil aceptar que tienen un origen en común. Para muchos de piel más clara les es inconcebible que un Negro o una persona de piel más oscura se les igualen. El nuevo paradigma elimina de una vez por todas, esa ignorancia dañina. Es cuestión de tiempo que la información precisa acerca de nuestro origen común como especie se impongan y las nuevas generaciones se encargaran de que esta se convierta en realidad.

El Centro para el Desarrollo Intelectual, una organización sin ánimo de lucro con sede en Florida y Costa Rica, ha tenido gran éxito en el uso de la psicología científica tanto en sus intervenciones terapéuticas como en sus seminarios educativos. Es fortaleciente porque elimina de una vez por todas, la noción de víctima que muchos llevan, sean o no sobrevivientes de abuso. Este método prepara a los individuos a hacerse cargo de sus propias vidas mientras afirman su presencia en el mundo.

La única dificultad que enfrenta este nuevo método es el efecto hipnótico y narcotizante que han tenido las diversas formas religiosas sobre la población mundial. Para aquellos que ya no están bajo el hechizo de la religión este método tiene efectos de gran alcance.

Mi predilección con el intelecto es natural, algo del cual no me podría desprender, aunque quisiera. Es demasiado el sufrimiento que he presenciado que nace del vacío que deja la falta de intelecto.

El proceso del desarrollo intelectual es tan complicado como lo es difícil, y este puede ser la razón por la cual goza de tan pocos adherentes. Requiere de mucha lectura, mucho análisis y un profundo pensar, sin embargo una vez que sus beneficios hayan sido demostrados esta se extenderá para incluir a mas adherentes. El Centro de Desarrollo Intelectual se encargara de este proceso extendiéndose a lugares del mundo en donde elementos pensantes y las mentes abiertas lo soliciten. Un eterno optimismo, me llevó a concentrarme en el tema de la felicidad humana queriendo reducir el dolor y la confusión en la que tantas personas viven sus vidas, pero tuve que aceptar también que mucho de este sufrimiento es auto infligido, es decir el individuo opta por no pensar, por no informarse, y ese temor a la información es la causa principal de tanto sufrimiento. Es por eso que se afirma que la pobreza es un estado mental, que el pobre es pobre por el temor paralizante que le tiene a la información. Para ellos, la información es capaz de alterar su forma de pensar y eso les puede causar la gloria. El informarse lleva riesgo y el riesgo más grande es la perdida de la inocencia. No solo eso información implica acción, inevitablemente el individuo se ve transformado y actuando de forma distinta. La desinformación simplifica las vidas pero crea más miseria. Siempre habrá quienes optan por la ignorancia permanente y en ese campo la psicología no tendrá efecto alguno. La felicidad que hayan creado o encontrado en esta zona de confort no ha de ser estorbada. Esta fue la revelación que me condujo al estudio profundo de la impotencia y la miseria.

Nos encontramos en este momento en una época repleta de información, casi todos llevan en sus bolsas una pequeña computadora con toda la información que pueda necesitar, así que no hay excusa. Para permanecerse ignorante en nuestros tiempos requiere de un enorme esfuerzo ya que la tecnología les presenta información a la vuelta de cada esquina. El esfuerzo que se tiene que hacer para permanecerse ignorante es enorme, y aunque muchos se empeñan en hacerlo nos toca ver hasta dónde puede llegar. Obviamente el conocimiento por sí solo no cura todo sufrimiento humano, pero las acciones que se toman que son basadas en información certera suelen ser más efectivas. Muchos son los individuos que luchan a diario por superar los traumas infligidos cuando eran demasiado pequeños e indefensos. Son estos a quien más me dirijo y en cierta forma la razón de ser de este programa. Hemos creado un lugar en donde estos individuos muchos altamente talentosos puedan expresarse abiertamente y llevar a cabo el análisis necesario que conduce al fortalecimiento permanente. El fortalecimiento intelectual y emocional del individuo es el único propósito de este libro y la organización que lo impulsa el Centro para el Desarrollo Intelectual.

La cultura (comportamiento aprendido) y los sistemas de creencias son temas centrales de la vida de todos. Desafortunadamente la creencia es algo que se nos impone mucho antes que hayamos aprendido a pensar. Dondequiera que la creencia reemplace el pensar la sociedad sufre. Un ejemplo de esto es la sociedad Afro Americana en donde el pavor a un pensamiento independiente es palpable. Un pueblo con un historial civilizado y una cultura que pre data a todos, se ve reducido a una esclavitud permanente. De no ser por la religión, y en este caso el cristianismo, la esclavitud se hubiera acabado con la proclamación de la emancipación. Pero más de un siglo después de ese documento el Afro Americano sigue pensando y operando como esclavo que era en ese entonces. La verdad es que la industrialización tuvo mucho que ver con la emancipación y el fin de la última forma de esclavización estatal reconocida por la humanidad. La industrialización requiere de operadores de maquinaria y estos requieren de disciplina e inteligencia. Es más, la maquinaria para recoger el algodón de forma eficiente ya se encontraba en desarrollo. Fueron liberados porque sus servicios ya no eran requeridos. Sin embargo se les hizo creer que su liberación se logró a base de la lucha que desataron en contra de la esclavitud lo que lo hizo posible. Algo de su dignidad se preservó al permitirles pensar que su esfuerzo y la benevolencia de su amo fueron los que produjeron dicha liberación. El concepto del amo benevolente y lleno de compasión produjo en el esclavo una sicosis permanente, una en que permanecen agradecidos eternamente con su amo y nada podría ser más perjudicial.

Tengo un gran respeto por aquellos que se dedican a esta profesión solitaria de escritor, una profesión tan poco compensada. Hubiera preferido que otros lo hiciesen mientras me dedico a cosas más placenteras como el organizar, cocinar, fortalecer al individuo por medio de esta terapia dinámica construir casas modernas y lujosas para aquellos que comparten estas ideas, pero nadie más se atrevió a hacerlo. Por ende mi castigo. Que quede claro, el escribir no es placentero, es penoso y es solitario. He aprendido mucho en el proceso, pero espero que tarde o temprano alguien me releve de esta ocupación mientras me dedico a las verdaderas pasiones como son la cocina avanzada, el dialogo intenso, la construcción, y la organización. Que quede claro, mi compromiso a esta obra por el amor que tengo al prójimo y nada más.

El objetivo primordial de este esfuerzo es la estabilidad emocional y económica de todos los que aquí militan. Todos los niños son considerados miembros honorarios de esta organización independientemente de sus padres. Siempre lucharemos por sus derechos para ser tratados con amor, amabilidad y respeto no importa su comportamiento. Hemos decidido en esta organización que existe sólo un enemigo contra la cual la lucha es deliberada y permanente, ese enemigo es sin duda alguna la ignorancia. En esta lucha las únicas armas son: la sabiduría, el conocimiento, y una mayor comprensión.

El método establece como premisa para sus intervenciones un conocimiento práctico de las complejidades que rodean los orígenes del planeta Tierra y la importancia de este conocimiento para la sicodinámica del individuo. Durante casi un siglo, los científicos han argumentado que hace aproximadamente 13.000 millones de años se produjo una explosión que culminaría en la formación de estrellas y planetas en números infinitos. El primero que formuló una teoría con cierto parecido con el filósofo, teólogo y científico inglés Robert Grosseteste (1175-1253), que en su tratado de 1225 sobre el tema de la luz exploró la naturaleza de la materia y el cosmos. Describió el nacimiento del universo en una explosión y la cristalización de la materia para formar estrellas y planetas. A muchos los llamó como el verdadero fundador de la tradición del pensamiento científico en Oxford medieval y, en cierto modo, de la tradición intelectual Ingles moderno.

Casi 700 años después en 1927 Monseñor Georges Lemaître (1894-1966) profesor de física y astronomía en la Universidad Católica de Lovaina en Bélgica, presenta al mundo por primera vez el concepto del Big Bang. El Big Bang está basado en la observación que revela que todos los elementos en el Universo se están distanciando a una enorme velocidad, se postuló que todo tuvo que haber iniciado desde un pequeño punto altamente denso y repleto de energía.

Ha de notarse que la teoría científica más avanzada del origen del Universo llamado el Big Bang, una teoría que rige aún en nuestros tiempos, fue propuesta por dos religiosos altamente reconocidos en su tiempo, el primero un Inglés y el segundo un Belga 700 años después. Este hecho por si solo debería acabar con la supuesta rivalidad que existe entre el campo científico y el campo religioso, pero resultó no ser así, este debate continúa entre individuos que carecen de esta información vital con respecto al tema.

A pesar de que estas teorías fueron presentadas por primera vez por los hombres religiosos para las audiencias en gran parte religiosas, la teoría misma es difícil de comprender. Una vez presentada las interminables preguntas sobre la fuente de ese *Átomo Primordial o ese Huevo Cósmico* que provocó la explosión abundarían de forma extraordinaria y sin límite.

Aunque la complejidad del Big Bang sea enorme y casi imposible para las mentes no científicas, estos mismos científicos nos informan que hace 5 mil millones de años, 8 mil millones de años después de esa explosión, una nube de polvo y gases cósmicos denominada una *Nebulosa* se forma dentro de los límites de uno de los millones de galaxias que componen el Universo. Esta nebulosa formada dentro de sus límites estaba repleta de partículas de hidrógeno, oxígeno, nitrógeno, helio y otros elementos. La fuerza de gravedad gradualmente atrajo las moléculas de gas para formar un disco giratorio absorbiendo aún más hidrógeno y creando una enorme presión candente en su centro. Estas moléculas de hidrógeno eventualmente se fusionaron entre sí, encendiéndose más tarde y dando a luz a una nueva estrella, la nuestra. Obviamente la galaxia dentro de la cual se formó esa nébula es la *Vía Láctea* la misma que contiene nuestro sistema solar. Los escombros presentes en el nacimiento de nuestro sol se fundieron para formar lo que son los planetas, y la masa del sol creó un campo de gravedad que los mantuvo girando a su alrededor. Uno de ellos, por supuesto, fue convertirse en nuestro propio planeta Tierra.

Por más de 2 mil millones de años el planeta siguió siendo una bola candente y no fue hasta 2 mil millones de años que logro temperaturas aptas para la vida. La forma en que su superficie llego a cubrirse de agua es aún más complicada. Tiene algo que ver con el bombardeo continuo de cometas heladas ya que la capa protectora, la atmosfera, todavía no existía. El bombardeo continuo de cometas helados no sólo ayudó en el enfriamiento del planeta sino que ayudó en la formación de sus océanos. Estos científicos también nos han informado que la vida en el planeta comenzó en esos mismos océanos mostrándose primero como formas unicelulares hasta que los primeros reptiles emergieron de sus aguas.

LAS CAPAS ATMOSFÉRICAS

La formación de las cinco capas invisibles que protegen la tierra de los rayos ultravioleta del sol y otros objetos amenazantes es otro milagro que aún no hemos entendido. Esas cinco capas son:

1- La Troposfera es la capa más cercana a la superficie de la Tierra. Tiene de 4 a 12 millas de espesor y contiene la mitad de la atmósfera de la Tierra.

2- La Estratosfera es la segunda capa. Comienza por encima de la tropósfera y termina a unos 50 km (50 millas) sobre el suelo. El ozono es abundante aquí y calienta la atmósfera mientras que también absorbe radiación dañosa del sol. El aire aquí es muy seco, y es aproximadamente mil veces más delgado aquí que al nivel del mar. Es la capa en la que operan los aviones a reacción y los globos meteorológicos.

3- La Mesosfera comienza a 50 km (50 millas) y se extiende a 53 millas (85 km) de altura. Esta es la capa en donde los meteoros con se queman en su camino para impactar la tierra.

4- La Termosfera se extiende de aproximadamente 90 km a entre 500 y 1.000 km. Las temperaturas pueden llegar a menos 2.700 grados F (1.500 C) a esta altitud. La termosfera es considerada parte de la atmósfera de la Tierra, pero la densidad del aire es tan baja que la mayor parte de esta capa es lo que normalmente se piensa como el espacio exterior. De hecho, ésta es la capa en la cual los transbordadores espaciales volaba en su tiempo, y donde se encuentra localizada la estación espacial internacional en este momento

5- Por último, la Exosfera es la capa más delgada y es donde la atmósfera se funde con el espacio profundo. Está compuesta de partículas dispersas de hidrógeno y helio. Lo anterior es, con mucho, la explicación más plausible que tenemos para el nacimiento de este planeta y la multiplicidad de formas de vida en su superficie.

No se pretende con esto ofrecer un seminario en la ciencia astral sino una presentación de los más básico de la ciencia, información que esperamos que los miembros manejen, información que los llevara a funcionar más eficazmente dentro de sus filas. Nuestras intervenciones terapéuticas empiezan con esta información básica, y está diseñada no sólo para eliminar la noción de victima que muchos que aflige a tantos, sino también para capacitarlos con una dosis de la realidad que dio lugar a su existencia. El estar informado nivela el campo de juego en lo que respecta a las relaciones humanas. Este tema es parte indispensable del diálogo que se mantiene en esta organización y es incluida en todos los análisis que aquí se llevan a cabo.

El concepto de una terapia basada en la realidad es una que se promueve hoy día en casi todos los centros de tratamiento. Todos se enorgullecen de su capacidad para implementar su propia versión de este nuevo enfoque. Desafortunadamente, aun cuando pretenden promover su propia versión de la realidad, casi todos estos centros de tratamiento están vinculados a principios y creencias religiosas totalmente contrarias al concepto de la realidad que aquí se promueve. A muchos de los pacientes con mentes distorsionadas se les trata con conceptos religiosos completamente desvinculados con la realidad.

EL PODER DEL SABER

Hace diez años tuve la oportunidad de publicar un libro titulado La Experiencia Humana. Fue anterior a mis estudios de postgrado, por lo tanto, mi paciencia y habilidades como escritor no habían sido totalmente formulados o perfeccionados. La reedición de ese libro todavía está en pie pero el siguiente cuestionario ha sido extraído por su relevancia.

El propósito de esto es mantener nuestra realidad global siempre en foco y por encima de todo lo demás. Nos recuerda constantemente que todo lo que hacemos y todo lo que nos sucede; Independientemente de su horror o intensidad; Sigue siendo una parte de la experiencia humana. Es también parte integral de la "regeneración intelectual" que esta organización está ahora determinada a crear. Estos hechos relacionados con el sol y su influencia en nuestro planeta se reproducen porque son un componente necesario para el pensamiento sano. Estamos seguros de que nos ayudarán en la lucha contra la ignorancia y en llevar a esta raza humana a otro nivel en su relación con el mundo y entre sí. El siguiente cuestionario y la lista de hechos que sigue a esta representación están diseñados para iniciar el proceso.

CUESTIONARIO SOBRE LOS FUNDAMENTOS

1- ¿Cuál es más grande el sol o la tierra? __________

2- ¿Cuántas veces más grande

3- La gravedad es ______________________________

4- ¿Cuál es la relación entre los 2 cuerpos? __________

5- El diámetro del sol es _________________________

6- La circunferencia del Sol es ____________________

7- El diámetro de la Tierra es de __________________

8- La edad del Sol se estima en ____________________

9- La distancia entre la Tierra y el Sol es de _________

10- La circunferencia de la Tierra es ________________

11- La velocidad de la luz es _______________________

12- La velocidad del sonido es _____________________

13- El proceso de la formación de los océanos es _________

FACTORES DETERMINANTES

Estos factores se presentan con un solo propósito, la de combatir la ignorancia y la impotencia. Esos dos representan sin duda alguna los enemigos más mortales conocidos por la humanidad. Creemos que es bastante desagradable que hechos como estos sean sólo significativos para unos pocos, los demás prefieren seguir sus vidas disfrutando de la felicidad vacía que les brinda la ignorancia.

1- El primero y más fundamental de todos estos hechos es que el Sol es la fuente de toda la vida en nuestro planeta.

2- El segundo es que el sol es 1.300.000 (un millón trescientos mil) de tiempo del tamaño de la tierra.

3- Con su abrumadora superioridad de tamaño el sol ejerce un agarre gravitatorio sobre la tierra manteniéndolo radiante en su Órbita a la velocidad de 66.000 millas por hora. Para comparar, la velocidad de una bala es de 5.600 millas de hora.

4- El sol libera cinco millones (5.000.000) de toneladas de energía pura cada segundo. Esta energía es equivalente a cuatrocientos millones de bombas atómicas, y la frecuencia es cada segundo.

5- El diámetro del sol se calcula en 865.000 millas, el Sol está compuesto de 80% de hidrógeno, 18% de helio y el 2% restante está compuesto Del oxígeno, del carbono, del nitrógeno, del neón, del hierro, del Sili-con, del magnesio, del azufre, y de otros gases.

6- La circunferencia del sol es 2.716, mil millas.

7- El diámetro de la tierra se calcula en 7.973 millas.

8- La edad del Sol se estima en 5.2 mil millones de años.

9- La distancia entre la tierra y el sol se calcula en 93.000.000 millas.

10- La circunferencia de la tierra es 24.902 millas.

11- La velocidad de la luz es una constante de 186.000.

12- La velocidad del sonido es de aproximadamente 740 millas por hora. Esta velocidad es ligeramente mayor en el agua, y aún más cuando se viaja a través del hierro.

13- La formación de los océanos es un tema que desafía a los más sabios científicos hasta la fecha. Aun con instrumentos avanzados no logran explicar de forma contundente como se formaron los océanos en la tierra después de que esta haya permanecido por más de 2 mil millones de años como una esfera candente.

Estos hechos son fundamentales y constituyen una alteración muy radical en la forma que el ser humano contemple su existencia. Constituyen, si se quiere, un cambio de paradigma a la cual preferimos definir como estructuras fundamentales para la inteligencia humana. El ignorarlas implica fomentar la confusión y la hostilidad en las relaciones humanas. A pesar de nuestra propia ignorancia estos factores han permanecido por miles de millones de años no obstante nuestra ignorancia. No fue hasta unos cuantos siglos que empezamos a darnos cuenta de ello. Las revelaciones de Copérnico, Bruno y Galileo cambiaron para siempre el dialogo, y los temas que discutimos en el pasado tales como: raza, religión, estatus social y otros, ya no son tan relevantes. Se puede hasta decir que representan la realidad máxima ya que liberan la mente de las supersticiones transmitidas a través de las generaciones. Hace sólo unos pocos años, los seres humanos estaban convencidos que estaban en el centro del Universo y que tanto el sol como los otros astros existían para nuestro deleite. Los avances en la ciencia, las instrumentaciones científicas y por último el invento de las computadoras, nos permitieron descubrir estas realidades poniéndolas a la disposición de aquellos en busca de conocimiento y el entendimiento. Esta realidad es extremamente útil en la práctica de la terapia de la realidad o terapia científica porque inspira la humildad y la grandeza humana. La velocidad con que la Tierra completa su órbita alrededor del Sol es fascinante y humillante al mismo tiempo, y nos intriga el hecho que a tan pocos le interesa esta información. La dependencia total de nuestra Tierra con respecto a su estrella y la abrumadora diferencia en tamaño entre los dos cuerpos reduce hasta los más altivos, recordándoles que su destino se encuentra envuelto en la de los siete mil millones de otros seres que habitan el planeta. Este nuevo paradigma fortalece al ser humano y lo libera de todos sus temores irracionales. Las cifras suelen ser sorprendentes, alarman los sentidos impulsándolos hacia otro plano, un plano en la que el individuo está inspirado a hacer más con su vida a pesar de sus circunstancias presentes. A la luz de estos nuevos hechos, todas las nociones de inferioridad y superioridad desaparecen casi de la noche a la mañana. Cabe señalar que el concepto de terapia de la realidad se había utilizado durante algún tiempo antes de esto, sin embargo las introducciones de estos hechos acerca de nuestro entorno inmediato y más amplio lleva todo el asunto a otro nivel. Con los estímulos mentales que proporcionan, el individuo está ahora preparado para pensar en un nivel superior, para ser más creativo y a no ser víctimas a pesar de sus circunstancias. Le presenta al individuo la fortaleza para crear su propio sentido de la felicidad.

El origen y el progreso de la humanidad siguen siendo mal entendidos y mal interpretado por la población, con la excepción de unos cuantos. Se esperaría que la aclaración de estos conceptos erróneos estuviera en la lista del sistema educativo. Es imperante que reconstruyamos nuestras ideas de los seres humanos, y de nuestras capacidades, liberándonos en el proceso de la carga de los malentendidos persistentes.

Los asesinatos sin sentido a nuestro alrededor ocurren sin cesar aun cuando intentamos el mismo antiguo método para controlarlo, la pena de muerte. Lo hacemos aun cuando las estadísticas demuestran que la pena de muerte no tiene impacto alguno en la tasa de asesinatos que consume nuestra sociedad moderna.

Negamos que puede haber algo en nuestra naturaleza salvaje que impulse este comportamiento, y que si las condiciones correctas se presentan es muy posible que todos seamos capaces del mismo comportamiento aberrante. El poder que sentimos sobre otros seres humanos es algo que hasta la fecha no ha sido estudiado a cabalidad. Unos esfuerzos se han hecho al respecto pero no en definitiva. El poder ebriante que experimentan algunos individuos al saber que pueden cometer ciertos hechos con impunidad es algo que apenas empezamos a estudiar. Ese papel de Dios es tentativo para muchos, tal vez todos, por ende la necesidad de este autoestudio. Nuestro pasado salvaje nos impide reconocer quienes somos, seres capaces del peor de las monstruosidades si las circunstancias se dan. Somos parte de una locura masiva derivada de una incapacidad de conectar con la realidad de nuestros humildes inicios. Por ende, la masacre que presenciamos no ha de sorprendernos.

NICOLAS COPÉRNICO (1473-1543) Y LA ERA DE LA RAZON

En su libro titulado *Contando la verdad sobre la historia*, Joyce Appleby, Lynn Hunt & Margaret Jacob nos introducen en su historia a través del prisma de la ciencia. El primer capítulo del libro se titula: *El modelo heroico de ciencia,* y en ella nos rinden un paseo por la historia, desde la ciencia hasta la ***revolución industrial,*** con una descripción clara de la mentalidad que acompañaba a cada etapa de este desarrollo. Sus explicaciones son complejas e intelectualmente desafiantes, pero dentro de ella llegamos a algunas verdades sobre nuestra realidad actual y cómo llegó a ser. Además de Copérnico otros dos científicos jugaron un papel significativo en la ruptura del agarre de la iglesia tuvo en la sociedad Europea de la época. Estos fueron Giordano Bruno (1548-1600), y Galileo Galilei (1564-1642). A Copérnico se le acredita con el descubrimiento del modelo heliocéntrico de los cuerpos celestes, pero el temor a las represalias de las instituciones religiosas le impidió publicar sus hallazgos. Pero otro observador científico Giordano Bruno, no compartía esos temores. Proclamo ante los religiosos que su concepto de la tierra como cuerpo celeste principal alrededor del cual giraban otros, incluyendo el sol, era un concepto erróneo. Bruno no sólo publico sus hallazgos que fueron idénticas que las de Copérnico, también desafió abiertamente a la iglesia, rehusando a retractar sus declaraciones. Por esta declaración Bruno pago con su vida. Las autoridades religiosas lo quemaron en vida en presencia del pú blico. Este horrible crimen llevado a cabo por las fuerzas religiosas tuvo el efecto de atrasar el intelecto humano por muchos siglos.

Pocos años más tarde, otro científico y observador astronómico Galileo Galilei, publicó sus propias observaciones que eran muy similares a las de Giordano Bruno. En su poderío absoluto la iglesia lo declara herético por apoyar ideas que iban en contra de las ideas establecidas por sus líderes y como resultado de esto lo encarcelaron. Para obtener su libertad Galileo fue obligado a retractar sus declaraciones basadas en sus hallazgos científicos, pero aun así la iglesia lo condenó a prisión domiciliaria por el resto de su vida.

Es la opinión de muchos académicos que esta secuencia de eventos, aunque se haya extendido por más de un siglo, marcó el principio del fin para la edad oscura en Europa. Pero la edad de la iluminación no comenzó de inmediato, fueron muchos anos después; y un arduo trabajo investigatorio por parte de los científicos en el mundo protestante que marcó el verdadero comienzo de la iluminación. Pensadores como Francis Bacon (1561-1626), René Descartes (1596-1650), Isaac Newton (1643-1727), Gottfried Leibniz (1646-1716), Emily Du Chatelet (1706-1749) , Francois Marie Voltaire (1694-1778), Jean Jacque Rousseau (1712-1778), Denis Diderot (1713-1784), Mary Wollstonecraft (1759-1797), e Immanuel Kant (1724-1804), entre otros, para dar paso realmente en la nueva era, la era de la ciencia y la razón. Esta nueva era se caracteriza por la experimentación, la observación, las matemáticas y las nuevas formas de comunicación social. Las iglesias establecidas y los dogmas religiosos fueron perdiendo fuerza y esto hizo posible una verdadera revolución en el campo científico.

En un esfuerzo por llegar a la verdad sobre la historia la ciencia siempre ha desempeñado un papel único. Nos ayuda a entender cómo fue que llegamos a esta etapa en nuestro desarrollo.

LECCIONES EN VALENTIA
SOCRATES Y GIORDANO BRUNO

En su obra (1964) titulada *Tales of Philosophy*, (Cuentos de la Filosofía) el médico Español Félix Martí Ibáñez narró la vida de algunos de los filósofos más famosos de Europa. Por su valentía y compromiso elegimos a Bruno y Sócrates como mejor ilustran el punto que hemos tratado de hacer a lo largo de este libro. Ambos individuos pagaron el precio final por defender la verdad; Pagaron con sus vidas. Sócrates porque llamó a los humanos a razonar y Bruno porque se atrevió a decir que la tierra estaba en un momento en que todos los cristianos estaba convencidos de que era plano.

SÓCRATES

Acerca de Sócrates, Ibáñez (1964), nos dice que unos miles de años atrás, alrededor de 350 AC para ser exactos, un hombre con el nombre de Sócrates caminó las de Grecia. Su cita más reconocida era: *la vida sin filosofía es inconcebible.* Sócrates nació durante el auge del movimiento intelectual griego. Ellos cuestionan todo, incluyendo la religión y el proceso democrático, siempre enseñando que la verdad nunca fue objetiva o universal, sino subjetiva y relativa. El filósofo más famoso de la historia creció a la humanidad durante el período más rico de Grecia, pero él no tenía ningún interés en riquezas. Al ver la multitud de objetos expuestos en el mercado, una vez observó: *Cuanto hay acá que no necesito.* Caminaba siempre descalzo por las calles de Atenas, y tal como su padre se forjó como escultor de piedra ganándose una reputación de valentía y resistencia súper humana en la guerra del Peloponeso. Como joven estudió la ciencia, pero lo abandonó porque parecía un laberinto de misterio. Se dedico al estudio de la mente humana y de la calidad de la vida humana. En las palabras de Cicerón: *Sócrates trajo la filosofía del cielo a la tierra.* Algunos lo calificaron como sofista, pero él se diferenciaba de los sofistas mediante la retórica y deseando fortalecer la moralidad en lugar de debilitarla. Sócrates solía decir: no poseo sabiduría pero siempre ando en su búsqueda. Sócrates no predicaba un retorno a viejas creencias dogmáticas pero hizo preguntas como: ¿Sera posible en el mundo una ética natural? ¿Puede la moralidad ser independiente de la religión? Él propuso que los seres humanos eran malos porque eran ignorantes e irreflexivos: si pudieran ver el bien, lo elegirían; Y el pensamiento correcto conduciría inevitablemente a una conducta correcta. Dijo: La virtud es conocimiento. Nadie hace mal voluntariamente. Si el ser humano es la medida de todas las cosas, el arte de vivir debe comenzar con el individuo y debe cuestionar las viejas creencias, tradiciones y credos, no tomar nada en su búsqueda de la verdad. El método del dialecto socrático era buscar el conocimiento por medio de preguntas y respuestas; este sondaje tenía la intención de exponer la superficialidad o error de las definiciones, exponer opiniones falsas y espantosas. *Conózcale a ti mismo* fue la máxima con el que invito a sus semejantes a un auto examen inquebrantable, y cuando sus oponentes hablaban con claridad de abstracciones tales como la ira, el temor, el honor, los reto a que definirán esos términos. Mientras Atenas permanecía próspera y poderosa, a él se le quería y se le respetaba, pero cuando esa ciudad orgullosa cayó finalmente a Esparta, muchos ciudadanos principales eran chivos expiatorios de la desgracia nacional y Sócrates no era ninguna excepción. Se dijo que Sócrates estaba estableciendo Dioses y corrompiendo a la juventud Ateniense. Fue llevado a juicio y se le declaro culpable. Su condena era la muerte por envenenamiento auto administrado. A sus amigos afligidos intento levantarles el ánimo asegurándoles que lo que están a punto de enterrar es un cuerpo solamente. Entonces él drenó serenamente la taza del veneno que le dio la muerte y la inmortalidad.

La influencia de Sócrates en el desarrollo del pensamiento humano sigue siendo enorme, y su énfasis en colocar la conciencia sobre la ley más adelante se convirtió en un principio cardinal del cristianismo. Su insistencia en la definición clara de los conceptos generales, su enfoque del razonamiento inductivo, y su fe en un orden intelectual y moral siguen siendo una fuerza hasta el día de hoy (p.28). Fue el primer gran europeo cuya muerte en 339, AC marca el nacimiento de Europa porque fue el primer mártir de la fe Europea. Sócrates fue el primer europeo en utilizar el intelecto como instrumento para obtener el conocimiento del Universo. En su creencia en la naturaleza divina del alma humana, él era el precursor de Cristo. Eligió la verdad como guía para el elemento humano (p.21). Incluso con la mente de Sócrates y muchos otros cuyas historias nunca realmente ganaron notoriedad, Europa siguió creciendo, aunque con mucha lentitud. Italia se convirtió en la sede del poder a través de Roma y sus conquistas militares, después de todo, el Imperio Romano duró mil años. Pero a medida que se reducía de tamaño y en el interior de la Iglesia se convirtió en el asiento del poder y que podían ordenar lo que quedaba del ejército para ahogar las voces de aquellos que deseaban pensar, estudiar y explorar su ambiente.

GIORDANO BRUNO (1548-1600)

Acerca de Bruno, Ibáñez (1964) nos dice que en el siglo XIV, cuando Europa trató de sacudir el yugo de su pasado medieval, hubo un despertar a la ciencia y la infinidad de espacio llamó la atención de los pensadores. Entre estos pensadores estaba Nicolás Copérnico nacido en Polonia en 1473. Fu el primer europeo en presentar una teoría de la naturaleza heliocéntrica del Universo. Su fascinación por la astronomía le llevó a construir un observatorio crudo y de sus descubrimientos elaboró la teoría de que la tierra y todos los demás planetas evolucionaron alrededor del sol. El temor a la censura de la iglesia hizo a Copérnico retrasar la publicación de su teoría hasta 1543 cuando estaba al borde de la muerte. Bruno nació cinco (5) años después en 1548. Heredó el mismo interés por la astronomía que tenia Copérnico. También estudió la religión y se convirtió en un fraile dominico que fue sospechoso de herejía y huyó en Venecia. Dos años más tarde, en Ginebra, abrazó al calvinismo, fue encarcelado brevemente por publicar un ataque contra un profesor y, después de su liberación, enseñó filosofía en Toulouse. Durante gran parte de su vida, Bruno fue un filósofo vagabundo solitario, arrogante, Para atentar contra la autoridad. Debatió con los profesores de Oxford sobre Copérnico, abrazó una doctrina panteísta que unía a Dios y la naturaleza como el elemento activo y pasivo de la realidad (p. 112).

Un anhelo de regresar a su patria y hacer las paces con la iglesia lo llevó a Venecia, pero fue entregado en manos de la Inquisición en 1593 y pasó ocho años en la cárcel. Después de cuestionar, expresó sucintamente sus creencias: "Tengo el Universo

Para ser infinito, como siendo el efecto del poder divino y de la bondad. Por lo tanto, he declarado mundos infinitos para existir al lado de este altar. No sería digno de Dios manifestarse en menos de un Universo infinito. "Rechazando las órdenes de retractar sus ideas, él dijo a sus jueces; "Tienes más miedo de esto que yo", y fue a su muerte en la hoguera en 1600. Sócrates y Bruno son dos de los más grandes héroes de toda la civilización occidental. Ellos encontraron la muerte preferible a sucumbir a las presiones de la ignorancia masiva. Ellos dijeron en palabras sencillas: "prefiero morir que adjuntarme a sus mentiras". Estos son los mártires originales de la civilización occidental, que se atrevieron a resistir las mentiras aceptadas en ese momento.

Ibáñez (1964) argumenta también que... cuando Europa trató de sacudir el yugo de su pasado medieval, se abrió ante la ciencia, y ante la infinidad de espacio. Fue en ese momento que pensadores como Copérnico nacido en Polonia en 1473 pusieron manos a la obra. Su fascinación por la astronomía le llevó a construir un observatorio crudo y de sus descubrimientos elaboró la teoría de que la tierra y todos los demás planetas revolvían alrededor del sol. El temor a la censura de la iglesia hizo a Copérnico retrasar la publicación de su teoría hasta 1543 cuando yacía moribundo. Bruno nació cinco (5) años después en 1548 aparentemente heredando el mismo interés por la astronomía.. También estudió religión y se convirtió en un fraile dominico que fue sospechado de herejía cosa que lo obligo a huir de Venecia. Durante gran parte de su vida, Bruno era un filósofo solitario, errático, arrogante, y siempre atentando contra la autoridad de la iglesia. Debatió con los profesores de Oxford sobre Copérnico, acepto una doctrina panteísta que unía a Dios y la naturaleza como el elemento activo y pasivo de la realidad (p.112). Un anhelo de regresar a su patria y hacer las paces con la iglesia lo llevó de nuevo a Venecia, pero cayó en manos de la Inquisición en 1593 quienes lo encarcelaron por ocho años por las ideas adoptadas de Copérnico. Después de cuestionar, expresó sucintamente sus creencias: *Sostengo que el Universo ha de ser infinito, como lo es el poder divino y de la bondad.* Negándose a retractarse sus ideas le dijo a sus jueces; *Tienes más miedo de esto que yo por lo que estas a punto de hacer*, aceptando así su condena de muerte dentro de las llamas de la hoguera en 1600. Sócrates y Bruno son dos de los más grandes héroes de la civilización occidental porque prefirieron la muerte digna antes de someterse a las autoridades injustas. Se les podía definir como mártires originales de la civilización occidental.

GALILEO GALILEI (1564-1642)

Quizás la más triste de todas estas historias fue la de Galileo Galilei (1564-1642), hijo de un distinguido filósofo de la Italia romana. Destinado al principio a convertirse en médico, se hizo mucho más interesado en Euclides y Arquímedes y dedicó su tiempo a los experimentos en física, incluyendo la famosa demostración de la torre inclinada de Pisa sobre las leyes de los cuerpos que caían. Fue el primero en construir una óptica Telescopio y encontrar, como él dijo, "con deleite increíble" que pudo distinguir las montañas sobre la luna y las manchas del sol, descubrir estrellas en las Pléyades, observar satélites girando alrededor de Júpiter y obtener una vislumbre de Saturno y sus anillos misteriosos. Esto fue lo que confirmó para el su creencia en el sistema Copernicano, levantando a la vez una tormenta de protesta ya que los defensores del antiguo sistema ptolemaico, el sistema del geocentrismo, lo acusaron de herejía porque era contradictorio a las escrituras religiosas.

En 1616 los teólogos del Santo Oficio decretaron que la teoría heliocéntrica era .Galileo fue advertido de no enseñar la doctrina prohibida, pero en 1632 publicó su gran obra en italiano elegante, "Diálogos sobre los dos sistemas principales". El Mundo ", que apoyó sin tregua al sistema copernicano con muchas de sus propias observaciones. Fue convocado ante la Inquisición en Roma, obligado a retractarse y condenado a retirarse en estricta reclusión. En 1637 hizo su último descubrimiento astronómico, y algunos Meses después se volvió ciego. Él escribió con tristeza: "Estos cielos, esta tierra, este universo, que por maravillosas observaciones yo había ampliado mil veces, ahora se hunden en el estrecho espacio que ocupo". Galileo murió de fiebre en 1642, el mismo año en que nació Isaac Newton La historia de la búsqueda europea del conocimiento en el doloroso nacimiento de la civilización occidental no es en absoluto la historia de la humanidad, porque muchas civilizaciones precedieron a la de ellos y en la mayoría de los casos eran conscientes de que su tierra no era el centro del Universo. Llevó a los europeos varios siglos para superar ese pensamiento. En estos sólidos bastiones de oscuridad religiosa, los esfuerzos continúan limitando el pensamiento humano y promoviendo el miedo y la ignorancia como modo de vida. Con el fin de alcanzar la felicidad, debe colocarse por encima de lo mundano. Usted debe tener la capacidad de ver el mundo y todos sus matices desde un punto de vista que está muy por encima.

Para Ibáñez (1966) Galileo fue quizás el más triste de todos los científicos de alto rango. Hijo de un filósofo distinguido en la Italia romana llego a convertirse en médico, dedicando su tiempo a los experimentos en física incluyendo la famosa demostración de la torre inclinada de Pisa con respeto a las leyes de los cuerpos cayentes. Fue el primero en construir una óptica Telescopio del cual observaba a los satélites girando alrededor de Júpiter. Galileo confirmó su creencia en el sistema Copernicano, desafiando así a las autoridades que ya habían decretado que la teoría heliocéntrica era hereje. Se le prohibió enseñar esta doctrina prohibida, pero en 1632 publicó su gran obra: *Diálogos sobre los dos sistemas principales del Mundo*. En ella repetía los hallazgos de Copérnico con muchas de sus propias observaciones. Fue convocado ante la Inquisición en Roma, obligado a retractarse y condenado a retirarse en estricta exclusión. En 1637 hizo su último descubrimiento astronómico, y Unos meses más tarde se volvió ciego. Él escribió con tristeza: "Estos cielos, esta tierra, este universo, que por maravillosas observaciones yo había ampliado mil veces, ahora se hunden en el estrecho espacio que ocupo." Galileo murió de fiebre en 1642, el mismo año del natalicio de Isaac Newton. La historia de la búsqueda europea del conocimiento en el doloroso nacimiento de la civilización occidental no es en absoluto la historia de la humanidad, porque muchas civilizaciones precedieron a la suya y en la mayoría de los casos eran conscientes de que su tierra no era el centro Del Universo. Les tomó a los europeos varios siglos para superar ese pensamiento. En estos sólidos bastiones de la oscuridad religiosa, los esfuerzos continúan limitando el pensamiento humano y promoviendo el temor y la ignorancia.

ÉMILIE DU CHÂTELET (1706 -1749)

Émilie du Châtelet fue una filósofa Francesa, que se especializo en la matemática, la física, la astronomía y otras ramas de la ciencia. Reconociendo su precocidad su padre Louis-Nicolas hizo arreglos a que se le educara privadamente por los mejores científicos y matemáticos de Francia desde los 10 años. Su logro más reconocido fue su traducción de *La Principia,* el libro de Isaac Newton que contiene las leyes básicas de la física. Es considerada hasta la fecha la traducción Newton al idioma Francés y fue publicada póstumamente en 1759, habiendo ella fallecido 10 años antes durante el parto de su cuarto hijo.

Los comentarios que incluyo a la traducción son considerados una profunda contribución a la mecánica Newtoniana..

Su libro titulado Fundamentos de la Física, fue ampliamente difundido en todo el país generando fuertes debates sobre el tema de la ciencia y la mecánica. Dentro de dos años de su publicación original este libro fue traducido a múltiples idiomas. En el discute la forma más efectiva de medir la fuerza de un cuerpo y la mejor manera de pensar sobre los principios de conservación.

Du Châtelet mantuvo una amistad muy estrecha con el controversial filosofo Voltaire quien invitó a que se hospedara en su casa de campo en el noreste de Francia. Compartiendo una pasión por la ciencia, Voltaire y Du Châtelet colaboraron científicamente en un laboratorio que instalaron en la casa.

Su libro *Institutions de Physique (Lecciones en Física)* apareció en 1740; fue presentada como una revisión de nuevas ideas en ciencia y filosofía. Supuestamente, el propósito del libro era que fuese un folleto de estudio para su hijo que para entonces era un joven de trece años, pero conforme lo escribía fue incorporando ideas complejas de los principales pensadores de la época. El libro y los debates que engendrara contribuyeron a que fuese elegida miembro de la Academia de Ciencias del Instituto de Bolonia en 1746.

La contribución de Du Châtelet fue la hipótesis de la conservación de la energía total, a diferencia del momento. Inspirada por las teorías de Gottfried Leibniz, ella repitió y divulgó un experimento creado originalmente por Gravesande de Willem en el cual las bolas fueron caídas de diversas alturas en una hoja de la arcilla suave. Se demostró que la energía cinética de cada bola, como se indica por la cantidad de material desplazado, es proporcional al cuadrado de la velocidad. La deformación de la arcilla se encontró que era directamente proporcional a la altura de las bolas se dejó caer, igual a la energía potencial inicial. Científicos previos como Newton y Voltaire, habían creído que la "energía" era indistinta al impulso, por tanto, proporcional a la velocidad. La energía debe tener siempre las mismas dimensiones en cualquier forma, lo cual es necesario para poder relacionarla en diferentes formas (cinética, potencial, calor...). El trabajo de Newton supuso la conservación exacta del impulso mecánico. Una amplia gama de problemas mecánicos sólo son solubles si se incluye la conservación de la energía. La colisión y dispersión de dos masas puntuales es una de ellas. Leonhard Euler y Joseph-Louis Lagrange establecieron un marco más formal para la mecánica utilizando el método de Duchatelet.

Después de su muerte sus ideas fueron representadas en el texto más famoso de la aclaración francesa, la enciclopedia de Denis Diderot y Jean le Rond D'Alembert. Numerosas biografías y obras de teatro han sido escritas sobre su vida y sus logros en los dos siglos desde su muerte. A principios de este siglo XXI ha habido un renovado interés por la vida de Emilie Du Châtelet y las ideas que presento ante el mundo.

Du Châtelet es solamente una de las muchas mujeres científicas que esta especie ha tenido la suerte de haber tenido a lo largo de los siglos unas iguales en brillantez y otras cuya brillantez pudo haber superado la suya.

Un ejemplo brillante es el de las matemáticas Afro Americanas que hicieron posible la misión espacial de Estados Unidos. Fueron referidos como computadoras humanas debido a su habilidad de computar cifras masivas y a su capacidad de analizar trayectorias extremamente complejas. La historia de estas damas de la cultura Afro, es contada por Margot Lee Shetterly en su libro *Hidden Figures (Cifras Ocultas)* que posteriormente se convirtió en una película del mismo nombre. El libro narra la vida de Katherine Johnson, Dorothy Vaughan y Mary Jackson, tres matemáticos que superaron la discriminación, como mujeres y como Afroamericanas, mientras trabajaban en la NASA durante la Carrera Espacial. Durante los primeros años de sus carreras, el lugar de trabajo fue segregado y las mujeres se mantuvieron definitivamente en segundo plano como computadoras humanas. Sus cálculos fueron una fuerza determinante en los mayores logros de Estados Unidos en el espacio.

Antes de que John Glenn orbitara la Tierra, o Neil Armstrong caminaba sobre la luna, este grupo de dedicadas matemáticas usaban lápices, reglas de diapositivas y máquinas de calcular para calcular los números que lanzarían cohetes y astronautas al espacio. Eran mujeres Afroamericanas excepcionalmente talentosas, algunas de las mentes más brillantes de su generación. Originalmente relegados a la enseñanza de matemáticas en las segregadas escuelas públicas del sur, fueron puestos en servicio durante los períodos cortos de trabajo de la Segunda Guerra Mundial, cuando la industria aeronáutica de Estados Unidos estaba en extrema necesidad de alguien que tuviera las cosas correctas.

De repente, estos ases matemáticos pasaron por alto un trabajo digno de sus habilidades, y respondieron a la llamada del tío Sam, moviéndose a Hampton, Virginia y el fascinante mundo de alta energía del Langley Memorial Aeronautical Laboratory. Incluso cuando las leyes de Jim Crow de Virginia exigían que fueran segregadas de sus contrapartes blancas, las mujeres del grupo de "Informática Occidental" de Langley ayudaron a Estados Unidos a lograr una de las cosas que más deseaban: una victoria decisiva sobre la Unión Soviética en la Guerra Fría, y dominación completa de los cielos. El Movimiento por los Derechos Civiles y la Carrera Espacial, Dorothy Vaughan, Mary Jackson, Katherine Johnson y Christine Darden, participaron en algunos de los mayores éxitos de la NASA mientras utilizaban su intelecto para cambiar sus propios intereses Vidas, y el futuro de su país.

LA VERDADERA HISTORIA DETRAS DE LAS CIFRAS OCULTAS

Un poco más de 200 años después de la muerte de Duchatelet, un grupo de científicos negros hizo historia al desempeñar un papel fundamental en el Programa Norteamericano. Haas (2016) informa que mientras Estados Unidos estaba al borde de una Segunda Guerra Mundial, también había un fuerte apetito por la idea de conquistar el espacio. Pero este apetito no podía satisfacerse sin los cálculos y el análisis de los matemáticos avanzados.

Curiosamente, fueron mujeres las que respondieron a esa llamada cuando fueron reclutadas por el Langley Memorial Aeronautical Laboratory en 1935 para llevar la carga de estos cálculos. Aunque era un programa del gobierno que conducía planes de la guerra el laboratorio aeronáutico memorable de Langley era una institución segregada así que los científicos negros y los matemáticos no podían participar. Franklin Delano Roosevelt era presidente en ese momento y el líder de los derechos civiles A Phillip Randolph se acercaba a él con la injusticia de esta realidad social. Randolph amenazó con una marcha en Washington, DC, para llamar la atención sobre estas y otras formas de discriminación racial. Con la amenaza de que 100,000 personas hinchen al Capitolio, el Presidente Franklin D. Roosevelt emitió la Orden Ejecutiva 8802, que previene la discriminación racial en la contratación de trabajo federal y relacionado con la guerra. En ese momento, una empresa llamada West Computers ubicada en Langley Virginia había estado activa en la realización de las ecuaciones que describían el funcionamiento de los aviones recién producidos, por lo que cuando Roosevelt firmó su orden ejecutiva, un grupo de mujeres negros de mentalidad aguda fue contratado por la compañía para Ayudar a hacer los cálculos complejos que harían estas máquinas más seguras, más livianas y más rápidas.

Construido en 1917, este complejo de investigación fue la sede del Comité Asesor Nacional de Aeronáutica (NACA), que tenía la intención de convertir los objetos voladores de ese tiempo en máquinas de guerra. La agencia fue disuelta en 1958, para ser reemplazada por la Administración Nacional de Aeronáutica y Espacio (NASA).

Todo esto hizo que la labor de estas matemáticas Afroamericanas fuera aún más importante. Después de la guerra el programa espacial volvió a revivirse y la demanda de calculadoras humanas fue igualmente fuerte. Se hicieron indispensables en el cálculo de las trayectorias para el Proyecto Mercurio 1958-1963, y los Programas Apolo 1963-1972. John Glenn, el célebre pionero espacial y el primer ser humano en orbitar la Tierra, re usó a despegarse si los cálculos no fuesen controladas y aprobadas por Katherine Johnson una de las matemáticas de ascendencia Africana.

EL PODER DE LA MUJER

No sería justo completar este pequeño folleto sin un intento por realzar el valor de la mujer, no en el sentido romántico como suele ser sino como representante de más de la mitad de la humanidad. En vez de lamentar el hecho que a ella nunca se le ha extendido el respeto y el halago que se merece. Por lo tanto, el lenguaje que aquí se utiliza representa la búsqueda de la forma más efectiva en que las mujeres puedan empezar a ejercer su poder en este planeta. El poder latente de la mujer es extraordinario, latente porque a menos que posee y cree en la información científica aquí brindada, seguirá bajo la influencia sicológica de una estructura inventada por los hombres, los mismos hombres que la han declarado como ser inferior. Por razones que ellas no controlan las mujeres en casi todos los países del mundo han caído en la versión masculina de la creación de este mundo. Su identidad ha sido definida por el elemento masculino, y aunque ella lo reconozca, es muy posible que la complejidad del tema todavía se les escape. A menos que la mujer esté dispuesta a rechazar todos los inventos de los hombres con respecto a las creencias, la religión y la creación del Universo, sus esfuerzos serán ignorados.

Quizás las innumerables guerras y la miseria a que nos hemos acostumbrado nos podrían convencer que la hora ha llegado para que la mitad de la población del mundo ejerza la mitad o más del poder, pero el desprendimiento del control indebido de la mujer ha de ser el primer paso.

Para esta meta ya existen señas. En los Estados Unidos por ejemplo, uno de los clubes más exclusivos del mundo es el club de 100, los 100 senadores que componen la cámara superior de deliberación casi siempre ha sido compuesta de solo hombres. En ciertas ocasiones, a las esposas se les ha permitido llenar esa posición temporalmente cuando sus esposos hayan fallecido durante su turno, pero entre la fecha de su creación en 1789 hasta 1932 ninguna mujer había sido elegido como senadora. La segunda fue en 1945 y la tercera en 1973 y desde esa fecha ha habido más de 30 mujeres elegidas a ese club exclusivo. Ha habido más de 38 senadoras desde ese entonces y en este momento 21 de ellas cumplen sus servicios como senadoras. Se espera que este 21% llegue a convertirse en un 50% o más para reducir el odio y la ignorancia que se ha manifestado en ese cuerpo deliberativo.

EL PROCESO EVOLUTIVO

A pesar de que este libro trata más sobre los orígenes del planeta tierra, la vida en ella, y el significado que todo esto tiene para la psicología, la especie a que pertenecemos es de gran consecuencia y merece este análisis. Temas como la raza, la etnia y la cultura son ahora de poca consecuencia cuando se compara con el tema del origen y la evolución de nuestro planeta.

El hecho de que la especie que se clasifica como *humanos* se originara en el continente Africano es de gran significado aunque penoso para muchos. Ardrey (1963) argumenta que las raíces de la ascendencia humana están impregnadas de violencia y lo hace citando el artículo de 1953 del Antropólogo Sudafricano Raymond Dart titulado *La Transición Predatoria de Simio al Hombre.* El estudio de Dart lo llevó a la conclusión que los antepasados de la especie humana eran simios asesinos y que su arma predilecta era el fémur de los antílopes (Dart 1953). Ardrey (1963), nos dice que lo que Dart expuso en su obra fue la sencilla tesis de que el ser humano evolucionó de sus antepasados simios por una sola razón, que era asesino. En sus propias palabras:

> Hace mucho tiempo, tal vez hace muchos millones de años, una línea de simios asesinos se separó de los antecedentes de los primates no agresivos. Por razones de necesidad ambiental, la línea adoptó la vía depredadora. Por razones de necesidad predatoria la línea avanzó. Aprendimos a mantenernos erguidos en primer lugar como una necesidad de cazar. Aprendimos a correr en nuestra búsqueda de la caza a través de la sabana africana amari-

> llenta. Nuestras manos ahora liberadas del acarreo, no teníamos más uso para un hocico; el cual se retractó. Careciendo de colmillos, dientes y garras para luchar, recurrimos a la creación de armas por necesidad de sobrevivir. (P. 29).

Esta arma según Dart, podría ser una roca, un tronco o un hueso, lo cual significaba el margen de supervivencia de nuestro asesino ancestral. Para completar su análisis Dart nos dice que el uso del arma representaba múltiples demandas sobre el sistema nervioso que incluye la coordinación de músculos, el tacto y la vista. Esta combinación de factores contribuyó a la creación de un cerebro más grande y la amplificación del cerebro es lo que define al hombre moderno. La conclusión es que arma engendro al hombre y lo convirtió en su esclavo.

No se sabe a ciencia cierta si la violencia esta imprimida en el ADN de la especie, pero la hipótesis relativa al arma se aproxima bastante a ese punto. Y si la violencia siempre nos ha acompañado, puede ser que sólo a través del crecimiento emocional e intelectual de forma masiva nos permitirá superar nuestras tendencias violentas.

En su obra maestra *The Mind in the Making (La Mente en su proceso de Creación)* James Harvey Robinson declara:

> Me atrevo a pensar que si ciertos hechos históricos aparentemente indiscutibles eran generalmente conocidos y aceptados, y permitidos a ocupar y jugar una parte importante en nuestra vida cotidiana y en nuestro pensamiento, el mundo se convertiría inmediatamente en un lugar muy diferente de lo que es ahora. No podríamos entonces autoengañarnos en la manera simplista que ahora hacemos, ni

podríamos tomar ventaja de la primitiva ignorancia de los demás. Todas nuestras discusiones de reforma social, industrial y política se elevarían a un plano más alto (p.6).

COMPRENDIENDO LA SEXUALIDAD

En el glosario de términos el concepto de la atracción hacia el Mismo Sexo se introdujo como forma de participar en el diálogo sobre el tema relacionado con este proceso muy común en la naturaleza.

Mientras discutamos el poder del conocimiento, es imperativo que incluyamos también la naturaleza destructiva de la ignorancia. A lo largo de la historia, los niños y las niñas que se encuentran atraídos naturalmente por el mismo sexo han sido castigados verbalmente, castigados físicamente y han sido condenados al ostracismo por algo que yace más allá de su control. En muchas áreas de los Estados Unidos; un país supuestamente desarrollado; y en muchos otros países alrededor del mundo, la ignorancia que produce este espíritu mezquino continúa sin cesar.

En el Centro para el Desarrollo Intelectual y su organización hermana Club Vizcaya Internacional, no se trata de la aceptación o rechazo de la comunidad LGBTQ + sino de la ignorancia que todavía impera en ciertos ámbitos de la familia humana. En lugar de discutir la aceptación de la naturaleza de una persona, nuestra misión es la de exponer la naturaleza espantosa de la ignorancia que permite a cualquier ser humano convencerse que él o ella es superior a otro sólo por su naturaleza sexual. Ningún ser humano que porta estas opiniones será aceptado a los senos de esta organización; no importa sus posibles contribuciones. Nuestra misión es la de combatir la ignorancia en todas sus manifestaciones, y solo habiéndose liberado de estos pensamientos horribles y degradantes podrán estas personas ser consideradas para militar en las filas de esta organización.

Parte de la reeducación de estos miembros potenciales incluye el entendimiento de que la atracción por el mismo sexo es también una ocurrencia natural entre varias otras especies dentro del reino animal. A esto añadimos que las escrituras religiosas de cualquier tipo son rechazadas dentro de esta organización, y las discusiones basadas en esas enseñanzas basadas en la ignorancia no serán aceptadas. Nuestros miembros gozan de la libertad de practicar su religión siempre y cuando los prejuicios fomentados dentro de estas estructuras religiosas no son introducidos acá.

ALAN TURING (1912-1954)
EL HOMBRE GAY QUE SALVÓ EL MUNDO

Alan Turing fue un hombre renacentista Inglés, dedicado a la ciencia, la matemática, la filosofía, la lógica, la biología y al criptoanálisis teórico. Fue muy influyente en el desarrollo de la informática teórica, proporcionando una formalización de los conceptos de algoritmo y computación que introdujeron el mundo a la máquina de Turing, en ese momento un modelo de un ordenador de uso general. Turing es ampliamente considerado como el padre de la informática teórica y la inteligencia artificial y jugó un papel fundamental en la interceptación de mensajes codificados que permitió a los aliados derrotar a los nazis en la segunda guerra mundial Cooper (2013).

Turing fue uno de los principales exponentes de la hipótesis de que el cerebro humano es una máquina de computación digital, y fue pieza principal en la creación de lo que es la inteligencia artificial y la ciencia cognitiva moderna. Teorizó que al nacer la corteza es una "máquina desorganizada" que a través del "entrenamiento" se organiza "en una máquina eficiente. Por su fue escogido como miembro de la sociedad real de Londres en marzo de 1951 uno de los más altos honores que otorga el país. Después de la guerra, Turing trabajó en el Laboratorio Nacional de Física, donde diseñó el ACE, entre los primeros diseños de una computadora con programa almacenado. En 1948 Turing se unió a Max Newman Computing Machine Laboratory en la Universidad Victoria de Manchester, donde ayudó a desarrollar las computadoras de Manchester. También tuvo un enorme interés por la biología y por la matemática.

Turing fue procesado en 1952 por actos homosexuales, considerados criminales en Inglaterra en ese momento. Aceptó como castigo la castración química. Esta era una alternativa a la prisión pero con estos antecedentes penales nunca más se le permitiría trabajar en la Sede Central de Comunicaciones del Gobierno (GCHQ), el centro de codificación de código de la guerra del gobierno británico.

Turing murió de envenenamiento por cianuro, un material que utilizaba usualmente en sus experimentos. El veredicto oficial fue suicidio, pero no se estableció ningún motivo en la investigación de 1954. A menudo, su muerte se le atribuye al tratamiento hormonal a que fue sometido a manos de las autoridades en su esfuerzo por corregir su sexualidad. No se produjeron evidencias que indicasen que Turing tenía intenciones algunas de quitarse la vida. De hecho, su estado mental parece haber sido muy estable en ese momento y aunque no se descarta el suicidio es posible que su muerte haya sido simplemente un accidente, resultado de la inhalación de humos de cianuro procedente de un experimento en el diminuto laboratorio adyacente a su dormitorio. Ni tampoco puede descartarse totalmente el asesinato por parte de los servicios secretos, dado que Turing sabía tanto sobre el criptoanálisis en un momento en que los homosexuales eran considerados amenazas a la seguridad nacional (Copeland 2005).

A comienzos del siglo XXI, la acusación de Turing por ser gay se había vuelto infame. En 2009, el primer ministro británico Gordon Brown, hablando en nombre del gobierno británico, se disculpó públicamente por el tratamiento "totalmente injusto" que se le brindo a Turing, y cuatro años después, la reina Isabel

II le concedió el perdón desde su trono (Copeland 2005). Póstumamente Turing se ha convertido en una figura celebre y cada año miles de personas de toda índole celebran su cumpleaños y sus obras a beneficio de la humanidad.

UN ESTUDIO DE LA NINĖZ ENFATIZANDO A *JEAN JACQUE ROUSSEAU* (1712-1782)

En este capítulo analizaré algunos de los conceptos y teorías que rodean la cuestión del desarrollo infantil, en particular los conceptos que se centran en el papel de la experiencia en el aprendizaje, en la infancia. Los teóricos que se describen en este ensayo son: John Dewey, Maria Montessori, Lev Vygotsky, Jean Piaget y Erik Erikson. Las opiniones de estos célebres teóricos serán comparadas y contrastadas con la de quien las precedió en más de un siglo, Jean Jacques Rousseau (1712-1782). Intentaré explorar si alguno de estos teóricos derivó alguna de sus ideas de Rousseau o si se apartaron por completo de los pensamientos de Rousseau.

El enigmático Francés Jean Jacques Rousseau fue seleccionado para esta sección no solo porque era pieza fundamental de la era de razonamiento sino por su inquebrantable compromiso con la seguridad y la protección de los niños. Sin embargo, las controversias y contradicciones que rodea la vida de Rousseau lo convierten en una persona enigmática, y un verdadero enigma para aquellos estudiosos que quisieran analizar su comportamiento para desarrollar un mejor entendimiento de su vida. Tal vez las contradicciones más notables en la vida de Rousseau es el abandono de sus cinco hijos en una institución para nunca jamás volverlos a ver.

Rousseau es considerado por muchos como uno de los primeros novelistas exitosos del mundo, habiendo presentado sus comentarios sobre los niños a través de dos novelas famosas: *Emile y La Nueva Eloísa*. Rousseau presenta las ideas para su personaje

Emile a través de una serie de libros; cinco en total; que representan las cinco etapas de la vida de su personaje, y aunque, al igual que Rousseau, los otros pensadores y teóricos tratados en este informe, todos se suscriben al concepto de etapas en el desarrollo del niño. El dilema que se encuentra en reducir los poderes que un niño ejerce, contrastado con la voluntad o falta de ella que poseen los adultos para liberar a un niño y permitirle crecer sin impedimentos es la que se aborda en este capítulo. En resumen, más libertad y menos poder, ya que el niño no solicita ni tiene ninguna necesidad de los poderes que le atribuimos y ciertamente, no es feliz cuando se le aplica el lado negativo de ese poder mediante castigos o medidas correctivas.

Con cierto grado de precisión se podría decir que este dilema no resuelto es el corazón de gran parte del maltrato infligido a los niños durante la historia documentada del mismo, ya que en todo ese tiempo como en el presente, la especie luchó con idear métodos eficientes para criar a los hijos. Dicho esto, también puede ser argumentaba que Rousseau fue uno de los primeros en abogar por la seguridad de los niños, aun sin precedentes, teorías o modelos que hoy conocemos.

Mooney (2000) nos dice que Dewey nació en Burlington Vermont el 20 de octubre 1859 en una familia de agricultores. Dewey estudio filosofía en la Universidad de Vermont, donde se graduó en 1879 con una licenciatura en filosofía. Llego a hacer estudios de posgrado en la Universidad John Hopkins donde obtuvo un doctorado en filosofía en 1884. Después de graduarse acepta un puesto de profesor en la Universidad de Michigan. En 1894 se le ofreció un puesto en la Universidad de Chicago que le permitió la oportunidad de combinar su enseñanza filosófica con otras dos disciplinas: la psicología y la teoría de la educación. Cuenta Mooney (2000) que dentro de 2 años se había establecido la famosa escuela de laboratorio que atrajo la atención de todo el mundo. El Laboratorio Educativo de Dewey establecido en la Universidad de Chicago fue el centro de pensamiento sobre la educación progresista y el movimiento hacia la educación más democrática, una centrada estratégicamente en la niñez. Mooney (2000), añade que la posición de Dewey a la cabeza de dicho laboratorio educativo fue relativamente de corta duración pero creó, en pocos años, una gran cantidad de investigación educativa y la teoría que continúa impulsando muchas de nuestras mejores prácticas (p.2). En Dewey (1916) encontramos una referencia mucho más sobria en cuanto a la juventud y nuestra responsabilidad hacia ellos se refiere cuando argumenta que dirigiendo las actividades de los jóvenes, la sociedad determina su propio futuro. A Dewey no se le escapa el hecho de que los niños son egocéntricos antes de llegar a la adolescencia, pero el opina que aun en su egocentrismo hay momentos en los que son capaces de capturar el corazón de todos. Los adultos emocionalmente estables reconocen que este poder que el niño posee para capturar su atención es sólo temporal. Dewey argumenta que el problema yace en aquellos adultos demasiado absorbidos en sus propios asuntos para dedicarle a la infancia el tiempo y el interés que se merecen (P.52). Concluye diciendo que la verdadera educación viene a través de la estimulación de las facultades del niño/niña. Los propios instintos y facultades del niño/niña proporcionan el material necesario y nos da el punto de partida para toda su educación (p.4). Aquí Dewey habla, no tanto de los poderes del niño, sino de los poderes potenciales del niño en el proceso de aprendizaje.

Mooney (2000) nos presenta a María Montessori la doctora en medicina nacida en Italia, y quien dedicó su vida al servicio de los niños pobres de Italia y del mundo entero. A Montessori se le conoce más como una reformadora de la educación abogando por una nueva estructura educativa a nivel mundial y llevando a cabo esos cambios por medio de su instituto. El Montessori Institute perdura en muchos países del mundo brindándoles una educación muy avanzada a los niños marginados. Montessori comparte la opinión de Rousseau en que la libertad y el juego constituyen componentes esenciales en el desarrollo del niño. No solo eso, también compartan la idea de que estas actividades son más efectivas cuando no son estructuradas.

El psicólogo y teorista Suizo Jean Piaget rara vez aborda el tema de la libertad y el poder en su relación con el niño, pero encontramos en Mooney (2000) ciertas similitudes entre Piaget y Rousseau en cuanto al tema de la libertad con respecto al niño o niña. Piaget opinaba que el juego es una vía importante para el aprendizaje y hizo hincapié en lo importante que para ellos es el poder jugar libremente y aprender todo lo que sea posible a través del juego. En una entrevista con Jean -Claude Bringuier, autor de las conversaciones observadas con Jean Piaget, Piaget sostiene que en la historia de la ciencia y la formación de la mente del ser humano, el determinismo ha jugado un papel demasiado importante, y que ha habido muy poco en cuanto al azar y el cruce de caminos entre dos o un grupo de personas que terminan determinando su futuro (p .86).

Cuando se trata de la grabación de la historia sin los beneficios de la evidencia demostrable, los historiadores se enfrentan a un reto aún mayor, pues las lagunas en la memoria son comunes con los humanos. Mac Millan nos advierte que la memoria es un concepto muy complejo. Equivocadamente pensamos que los recuerdos son como talladas en piedra, una vez hecho, no cambian. Nada podría estar más lejos de la verdad. La memoria humana no sólo es selectiva, es también maleable. Esta cita pone de manifiesto la dificultad que trae consigo nuestra dependencia de la memoria cuando se trata de las variadas formas de investigación, incluyendo la que se lleva a cabo en el proceso terapéutico. Pero aun así no podemos desestimar, porque la ausencia de evidencia para apoyar un alegato no significa que este no haya ocurrido.

LA VIOLENCIA HACIA LA NIÑEZ

El reconocimiento del horrible historial que la humanidad lleva en cuanto al trato de los menores es el primer paso que se toma en la creación de un nuevo ser humano y un futuro más prometedor para todos.

El concepto del respeto hacia la niñez que promueve esta organización es fundamental en este dialogo diseñado a persuadir a otros a que adopten estos mismos principios. La capacidad intelectual de los niños ya ha sido demostrado y un programa diseñado para el continuo estimulo de ese intelecto traería beneficios para todos. Nuestra única labor para con los niños a partir de este momento es la de estudiarlos con bastante cuidado si hemos de reconocer el potencial intelectual de cada uno. El reconocer y promover que cada criatura lleva es el propósito fundamental de este programa.

En nuestro concepto es lo mínimo que se puede hacer para empezar a corregir los males de un pasado no muy lejano.

Este obviamente no es el primer intento que se da para mejorar el trato que se les da a los niños, muchos lo han intentado en el pasado y la declaración de las Naciones Unidas sobre el derecho de los niños es un ejemplo de esos esfuerzos. Desafortunadamente quedan muchos por convencer y en el proceso el daño se sigue haciendo. Hay padres todavía convencidos que estas criaturas son sus pertenencias, cosa que no les permite tratarlos como los seres humanos independientes que son, y ese fallo nos sigue costando. Por ejemplo, la epidemia de violencia indiscriminada que ha azotado al mundo en los últimos años tiene sus raíces en el maltrato que se le ha seguido dando a los niños aun con las consecuencias que se han venido demostrando por más de cuatro décadas. El único cambio que se dio fue que las armas se hicieron más accesibles y si a eso le añadimos el hecho de que un sector enorme de la población vive dependiendo de las drogas ilícitas podemos empezar a entender la anatomía del problema. Esta combinación tomo de sorpresa a los burócratas en muchos país cuya misión es la de mantener la paz y hacer que la sociedad funcione adecuadamente, pero en eso han fallado. Esta epidemia de la violencia constituye un enorme reto para la sociedad moderna, y los recursos de muchas agencias de servicios sociales han sido agotados en su lucha por frenarla. No hay duda que esta epidemia puede ser frenada pero requiere de una honestidad extraordinaria de parte de los burócratas y políticos que controlan las sociedades. El estudio que ha de hacerse para controlar esta epidemia demanda dicha honestidad, sin ella estamos perdidos. Solo por medio de un estudio profundo de este fenómeno nos permitirá definir su causa y eventualmente tomar las medidas necesarias para traerla bajo cierto control.

No solo hemos fallado en nuestro trato al niño, cosa que lo ha dejado decepcionado y lleno de ira, nos hemos acoplado a la política de Washington que emprende una guerra fútil contra las drogas. Estas dos cosas alargan el problema y fomentan el crimen.

LA MUTILACIÓN GENITAL FEMENINA

Con la excepción del asesinato absoluto, que se cometió sistemáticamente contra los niños hace apenas unos pocos siglos, la mutilación genital femenina es considerada por sus víctimas como la peor forma de violencia.

Podría decirse que, fuera de los delitos como la violación, el incesto y las palizas brutales en las que el niño sobrevive físicamente, casi nada se compara con estos adultos supuestamente bien intencionados pero groseramente equivocados que acechan las partes privadas de una niña inocente en nombre de la cultura. De hecho, esa es la excusa comúnmente ofrecida por la falta de intervención en esta práctica, haciendo un asalto a una persona aceptable sólo invocando la palabra cultura. Descrito por la literatura y por las víctimas, sólo la violación y el asesinato pueden superar los horrores de la mutilación genital femenina. Frye (2004) comentó que Mutilación Genital Femenina a veces se conoce como circuncisión femenina, tal vez como una forma de desinfectar el concepto y para hacerlo más aceptable en la mente de los lectores por los horrores que implica sería un asalto a la sentido. Ella optó por utilizar la expresión completa Mutilación Genital Femenina, ya que exige del lector y los investigadores una comprensión completa de los horrores de una niña preadolescente está sufriendo incluso en el momento en que están consumiendo la información. La mutilación genital femenina se practica principalmente en partes de África, Oriente Medio, Asia y algunas islas del Pacífico, algunas de las cuales se ven ahora en los Estados Unidos, el Reino Unido y otros países occidentales cuando los inmigrantes traen consigo Sus prácticas degradantes.

En el informe de 2008 de la Organización Mundial de la Salud se informa que aproximadamente 140 millones de mujeres y niñas de todo el mundo han sufrido la mutilación genital femenina desde que se mantuvieron vigiladas y que, aunque se desconoce su prevalencia en los Estados Unidos Centro para los Derechos Reproductivos, las mujeres en los países occidentales corren actualmente un gran riesgo de ser sometidas a estas prácticas. Lo interesante es que la Organización Mundial de la Salud ha concluido en su informe de 2008 que no hay beneficios de salud para esta práctica y que constituye en todos los sentidos una violación de los derechos humanos. Mientras que algunos dicen que la mutilación genital femenina debe ser prohibida a nivel mundial debido a su barbarie y porque constituye una de las peores formas de abuso infantil, hay quienes sostienen que es un rito de paso que debe ser observado con el fin de Preservar la identidad cultural. (Frye 2004, Barstow 1999).

Frye (2004) presenta la historia de la mutilación genital femenina como una práctica que se remonta a más de 5.000 años, uno que puede haber tenido sus orígenes en el antiguo Egipto. Los detalles de cómo ocurrió no fueron ofrecidos pero él indicó que de los exámenes de momias egipcias antiguas, hay evidencia que la mutilación genital femenina fue practicada rutinariamente.

Las personas religiosas que apoyan la MGF afirman que sus textos religiosos requieren estas alteraciones físicas, ya que son una necesidad para asegurar a una mujer su posición dentro de su comunidad. La MGF va más allá de la circuncisión al quitar el aspecto masculino de una mujer e infunde aún más su feminidad a medida que se define a sí misma como una mujer que ahora es más realzada, dócil y obediente como resultado. Actualmente, la cultura africana trabaja para sostener una sociedad dominada por los hombres. Este precedente no está en línea con los objetivos de la ALC ya que sus objetivos trabajan para establecer un papel más igualitario tanto para hombres como para mujeres. Al no querer alienarse del público en general, la ALC utiliza tácticas ligeramente agresivas para inducir la cooperación y promover el papel de la mujer en la cultura africana (Frye 2004).

A pesar de la percepción de la mutilación genital femenina como una práctica extranjera, su otro nombre, Clitoridectomies, se practicaba rutinariamente en Estados Unidos y Europa para tratar el lesbianismo, la histeria, la melancolía, la epilepsia y la masturbación excesiva tan recientemente como a finales del siglo XIX. Hecho que agregó, la práctica continuó en los EE.UU. hasta finales de 1930 cuando un público exagerado pidió su abolición. El autor agregó que a pesar de la creencia de muchos que la Mutilación Genital Femenina es una práctica relacionada religiosamente, en realidad la práctica no está asociada con ninguna fe religiosa específica y no hay guiones religiosos que proscriban este acto bárbaro. Ha sido ilegal en Gran Bretaña desde 1985, nos dice, pero todavía se practica secretamente en algunas comunidades de inmigrantes, y cuando eso resulta demasiado arriesgado, las chicas son enviadas al extranjero para que el procedimiento siga las restricciones legales. En 1997 y de nuevo en 2008, la Organización Mundial de la Salud emitió una declaración conjunta con las Naciones Unidas para apoyar una mayor defensa del abandono de la práctica de la Mutilación Genital Femenina, aclarando al público las complejidades de la práctica. Lo describen como característico por cuatro tipos distintos: El primero es una

Clitoridectomía, un procedimiento que elimina parcial o totalmente El clítoris. El segundo tipo, Excisión, es la extirpación parcial o total del clítoris y los labios menores que pueden incluir la incisión de los labios mayores. El tercero es, Infibulaciones, el estrechamiento de la abertura vaginal mediante la creación de un "sello de cobertura", que se forma cortando y reposicionando los labios internos ya veces externos. A veces esto incluye la eliminación del clítoris ya veces no. Una cuarta categoría se conserva para otro, que incluye cualquier procedimiento nocivo, no médico hecho involuntariamente a los genitales femeninos tales. (Frye 2004). Reporta que en el pasado la Mutilación Genital Fe Masculina ha sido llevada a cabo por una cirujana femenina, que el procedimiento se realizó sin anestesia, anti-sépticos o antibióticos a menudo en condiciones insalubres utilizando instrumentos tales como cuchillos, , Pedazos de vidrio o piedras afiladas, instrumentos que probablemente estaban sucios, habiendo sido utilizados en otras niñas y nunca desinfectados. Continúa relatando que aunque el procedimiento está siendo realizado por personal médico capacitado en algunos lugares alrededor del mundo, continúa siendo un acto que resulta en una mutilación física permanente al niño, que cambia las funciones del cuerpo para siempre, con una intervención inmediata Complicaciones y dolor extremo en todos los casos, sin mencionar shock, hemorragia, tétanos, sepsis, retención de orina, llagas abiertas y lesiones en el tejido genital cercano. Otras consecuencias a largo plazo incluyen infecciones recurrentes de la vejiga y el tracto urinario, quistes, fertilidad, necesidad de cirugías posteriores, mayor riesgo de complicaciones en el parto y muertes de recién nacidos. En casi todos los casos, una gran cantidad de cirugías pueden ser requeridas en años posteriores para permitir el intercambio sexual o para que una mujer embarazada entregue a un niño. En un nivel no físico, las consecuencias psicológicas de esta experiencia traumática es una que aún no se ha analizado completamente, pero los informes de trastorno de estrés postraumático, ansiedad, depresión y problemas psico-sexuales son bastante comunes. (Frye 2004) reflexiona sobre el dilema psicológico que permite a estas víctimas someter a otras niñas al mismo procedimiento sólo unos pocos años después de su propio trauma. Argumentos como: el clítoris es sucio o malo, el clítoris llegara a crecerse demasiado, las mujeres no cortadas llegaran a ser estériles, el clítoris causa impotencia masculina, asegura la virginidad y la castidad, las mujeres que no se somete al procedimiento son rechazadas como pareja matrimonial, aumenta la feminidad de la mujer, previene el ostracismo social, controla el impulso sexual femenino, previene el lesbianismo, asegura la paternidad, calma la personalidad femenina, fomenta la cohesión cultural. Los defensores del etnocentrismo, del imperialismo cultural y de la imposición cultural acusan a los que defienden la abolición de este bárbaro procedimiento afirmando su derecho a seguir sometiendo a las niñas desprotegidas a este antiguo procedimiento. Frye (2004) alude al procedimiento como una violación de los derechos humanos, y una violación a los derechos de género. Una forma de abuso infantil que refleja una desigualdad profundamente arraigada entre los sexos y una forma extrema de discriminación contra las mujeres. Agrega tambien que el hecho que la práctica es específica de ciertos grupos culturales no es excusa porque el cuerpo de una menor le pertenece a ella y no a su grupo cultural. Los profesionales de la salud de todo el mundo se encargan de asumir una posición sobre este asunto y de comprender el aborrecimiento de esta práctica. El autor concluye que la cultura debe ser progresivamente beneficiosa y no estática o retrógrada en detrimento de aquellos que por simple accidente de nacimiento pertenecen a un clan practicante, que ciertos rituales culturales encontrados en desacuerdo con los derechos fundamentales de los individuos están siendo dis- Cardado como la aldea global encoge frente al rápido avance tecno-lógico. Ella sostiene que la mutilación genital femenina debe incurrir en la abolición global de la misma manera que otros de forma anachronista traducen sus prácticas culturales. La mutilación genital del elemento femenino o MGF, es una práctica que tiene que ser abolida porque es una violación de los derechos humanos.

En una señalación de cobardía, Barstow (1999) acusó a las especies humanas de haber exhibido habitualmente crueldad hacia sus miembros más débiles, en particular las mujeres, los niños y los ancianos (página 73) y continúa diciendo que el desarrollo en los derechos humanos en todo el mundo han prestado mucha atención a la violencia desenfrenada, la violencia sexual, la privación, la opresión y el asesinato absoluto cometido contra las mujeres en todas partes (p.155). Con la adopción de la Convención sobre los Derechos del Niño en 1959, el conjunto general de las Naciones Unidas ha apostado por el lado de los niños independientemente de las normas o creencias culturales. La medida establece explícitamente que todas las naciones deben tomar medidas para abolir las prácticas tradicionales que son perjudiciales para la salud de los niños. En una carta al editor en el número de marzo de abril de 1997 de la Revista Canadiense de Salud Pública, los hombres pagan una dote alta para las mujeres que tienen Han sufrido la mutilación genital femenina, ya que han adquirido una mujer que no había sido penetrada por otros hombres antes de él, pero es obvio que no son conscientes de las consecuencias para la salud, y por qué sus socios sufren de múltiples problemas de salud.

LA NO VIOLENCIA RADICAL, UN NUEVO PARADIGMA

En nuestros tiempos el término radical ha adquirido un significado nuevo y más perverso, incluso para el pensamiento de su etimología latina es la raíz o la raíz, hoy el término ha llegado a describir los elementos más dogmáticos, violentos y de mente estrecha dentro de una religión particular. A pesar de esa desafortunada realidad, todavía no estamos dispuestos a renunciar al término, porque nos permite entender los orígenes y las raíces de cualquier tema.

La no violencia radical comienza con un extraordinario respeto por todos los seres vivos, especialmente los pequeños e indefensos. Evitamos cuidadosamente el término amor porque eso también ha sido mal entendido y mal utilizado. Simplemente no puedes amar a alguien y maltratarlos al mismo tiempo, hay que inventar otra palabra si queremos mezclar el maltrato con el amor. El respeto sin embargo, no lleva ninguna emoción, centrándose solamente en el valor intrínseco de la persona o del ser vivo sin importar su tamaño. Es prácticamente imposible herir; Físicamente o de otra manera; Lo que nosotros respetamos.

La no-violencia real representa un cambio de paradigma en las formas en que los seres humanos se relacionan entre sí. En este caso también puede ser referido como la no violencia radical debido a su enfoque en las causas de raíz de la ira y el vitriolo que parece caracterizar las interacciones humanas.

La humanidad ha tenido tres renombrados defensores no violentos: el Jesucristo palestino, el hindú Mahatma Gandhi y el afroamericano Martin Luther King, y es probable que haya muchos otros dedicados a la causa de la no violencia que simplemente no hicimos Tomar conciencia de La violencia hacia los niños era tan frecuente en su época como en cualquier otra, pero en ninguno de estos casos hemos leído una denuncia de esa violencia perpetrada contra los niños o un reconocimiento de los efectos dañinos de esta violencia. En su publicación de 1974 La historia de la infancia Lloyd deMause nos recuerda que en el momento del nacimiento de Jesús, el infanticidio era una práctica común en todo el mundo, incluido el Oriente Medio, y que su breve presencia en este planeta no tuvo ningún efecto en esta horrorosa práctica. DeMause (1974) nos recuerda que también era común que los niños y niñas de los muros y cimientos de puentes y edificios fueran fortalecidos. Desde la construcción del muro de Jericó hasta 1843 en Alemania (p.27). Del mismo modo, no encontramos ninguno de los escritos de Gandhi refleja un interés específico en la seguridad y protección de los niños, lo mismo es cierto para los escritos emitidos por y sobre Martin Luther King.

Este nuevo enfoque de la no-violencia es sin precedentes, le da personalidad al niño y le pide a las personas civilizadas que aborden el comportamiento del niño utilizando clínicamente las técnicas desarrolladas después de más de dos siglos de prácticas psicológicas.

Es responsabilidad de todo gobierno legítimo garantizar la seguridad de todos sus ciudadanos, especialmente de los más vulnerables. Afortunadamente, los gobiernos estatales y locales de todo el mundo han estado respondiendo a la Declaración de las Naciones Unidas de 1978 sobre el derecho del niño, que dice en esencia que todos los niños merecen vivir en seguridad.

El objetivo es la no violencia en el hogar, particularmente con respecto a los niños, y creemos que los gobiernos tienen dentro de sus facultades para proporcionar incentivos a los padres que firman este acuerdo. Las exenciones fiscales, los programas de superávit de alimentos, los diplomas de secundaria o los créditos universitarios para aquellos que cumplen con éxito son sólo algunas de las opciones que con cierta creatividad el gobierno puede poner a disposición de estos padres y cuidadores que han contribuido a crear mejores ciudadanos. Sin embargo, esto no ocurrirá por sí solo, con esta prioridad en mente, los futuros organizadores aprenderán a ejercer presión sobre los funcionarios electos y designados en todos los niveles de gobierno para que apoyen estas ideas creativas cuyo efecto final reducirá drásticamente los problemas sociales y creará Una ciudadanía más funcional.

La asociación con los padres es esencial para proporcionar mayor seguridad a los niños, pero para aquellos padres que ya están disfuncionales fronterizos o aquellos cuyo método de disciplina está profundamente arraigado, requerirá mucha persuasión para convencerlos de los beneficios de un nuevo enfoque para Criar a sus hijos. Los niños que han sido criados con éxito sin castigo corporal pueden ser los embajadores para involucrar a otros padres en un esfuerzo por persuadirlos sobre los beneficios de este enfoque no violento a la crianza de los hijos, porque si los padres se convencen de que sus hijos pueden hacerlo sin El uso de la violencia existe la posibilidad de que consideren este método particularmente cuando el subproducto de este nuevo método está en su presencia. Muchos de los padres que necesitan ser disuadidos de los viejos métodos son ellos mismos funcionalmente analfabetos, por lo que volúmenes de materiales escritos pueden no ser útiles en este caso, requerirá un núcleo de organizadores comprometidos que incluya a adolescentes, madres interesadas, personas mayores y cualquier otra persona Con la capacidad de persuadir, para llegar a estos padres y cuidadores y convencerlos de la validez de este nuevo método.

La conclusión de este capítulo es que sólo una campaña bien estructurada contra la violencia puede realmente comenzar a obligar a los padres ya otros cuidadores a echar un vistazo a su comportamiento y, en el proceso, a contemplar otras vías para criar a sus hijos. Se espera que en algún momento los Estados Unidos se unan a las otras veintinueve naciones que han aprobado leyes contra el castigo corporal, y cuando lo haga, esto se convertirá en un componente adicional de los mecanismos persuasivos actualmente vigentes para proteger la seguridad de los niños y la saludable supervivencia de nuestra sociedad.

EL FORTALECIMIENTO DE LA NIÑĖZ

El concepto de empoderamiento es relativamente nuevo en nuestro léxico como tradicionalmente, la gente nunca sentía que tenía el derecho a ser empoderada. Este concepto fue introducido en una escala masiva por los jóvenes hombres y mujeres que dirigían el movimiento de los años sesenta cuando exigían poder para el pueblo. Un pueblo que hasta ese momento había sido completamente impotente, y en casi todos los sentidos sigue siendo tan impotente como lo eran hace medio siglo. La pregunta entonces continúa siendo: ¿Cómo vamos a potenciar a los impotentes? Hace unos miles de años, algunos operadores astutos tomaron el manto de reyes y reinas, y de alguna manera convencieron a las masas de la época, de su superioridad intrínseca. Este control hipnótico sobre las masas por un número significativo de pocos duró miles de años hasta que la revolución francesa y otros de su tipo iniciaron un proceso en el que ese poder sería detenido de quienes lo reclamaron por ellos mismos. El proceso era sangriento y desordenado, pero finalmente las masas salieron por encima. Algunos años más tarde, tuvimos algunas apariencias de lo que se suponía era una revolución socialista, una que fue realmente diseñado para restaurar el poder a las masas. Sin embargo, la adoración de la personalidad ya había reemplazado la adoración de lo invisible y lo desconocido, dando a los individuos la oportunidad de posar como dioses, ejerciendo los poderes y privilegios previamente preservados para los dioses. Esa realidad ha durado a través de nuestros tiempos, aunque en diferentes versiones.

La revuelta de cualquier grupo oprimido le brinda al resto de la población la oportunidad de salir de debajo de su propia opresión mientras otra persona está tomando sus vidas en sus propias manos al enfrentarse al poder. Lo que es real, sin embargo, es que estas revoluciones traen consigo cierta confusión y cierta falta de claridad que les permite ser cooptadas y reencaminadas antes de que puedan alcanzarse sus objetivos potenciales o objetivos. Hay un creciente movimiento ateo y algunos sienten que este puede ser realmente el catalizador esperado desde hace mucho tiempo, pero este grupo carece de la fuerza y la pasión para lograr cualquier cambio significativo. Además, este grupo no ha tenido que superar la opresión y la discriminación provocadas por su propia identidad natural. Este libro hace la afirmación de que sólo un desafío abierto a las nociones infantiles que impulsa todos los sistemas de creencias realmente puede permitir que las masas liberen a los grupos oprimidos de la tiranía de la mayoría.

INDOCTRINACIÓN RELIGIOSA Y SU IMPACTO EN LA NIÑEZ

Antes de embarcarse en el tema que abarca la forma de adoctrinamiento la mayoría de nosotros estamos familiarizados con; Eso es el adoctrinamiento religioso; Es importante intentar una definición del término mismo y de las diversas maneras en que se ha utilizado en el pasado. No hay duda de que a lo largo de los años hemos tenido una variedad de definiciones para el término. Barrow et al (2010) comenta que gran parte depende del nivel académico de la persona que defiende la definición, o de sus inclinaciones políticas o intelectuales. Al ofrecer una definición generalizada y tal vez más genérica para el término, podemos decir con seguridad que es un proceso en el que la coerción, la persuasión y a menudo la compulsión se utilizan para introducir una idea o un sistema de creencias a un individuo o a un grupo de individuos. En esta definición, un componente clave del proceso de manera invariable, es la ausencia de examen crítico o cuestionamiento por parte de los nuevos adherentes. Barrow et al (2010), comenta que el término ha obtenido un fuerte matiz peyorativo en el discurso educativo particularmente debido a la ausencia de pensamiento crítico y cuestionamiento al que está asociado el término. Barrow et al (2010) nos dicen que el término a menudo se contrasta con las grandes ideas de autonomía y apertura mental que nuestra sociedad ha llegado a esperar de cualquier forma de instrucción positiva (p.227).

El adoctrinamiento religioso, por otro lado, implica un esfuerzo particular por hacer que sus adherentes se sometan a un conjunto prescrito de creencias narradoras e irracionales que invariablemente implica un concepto de dios como imagen o persona para ser adorado, , O tener miedo. El método probado y probado es implantar estos dogmas en las mentes del individuo mucho antes de que él o ella alcancen la capacidad de discernir el proceso para sí mismos, así destruyendo todas las posibilidades de la resistencia.

En su propio análisis de este tema, Barrow y Woods (2006) nos introducen al término "creencia inquebrantable", relacionado con las intenciones de la intención del adoctrinador. Hacer que alguien crea en una proposición que carece de pruebas o evidencia está en el corazón del proceso de adoctrinamiento. Barrow y Woods (2006) nos recuerdan que la esencia del adoctrinamiento no se encuentra en el grado de convicción, sino en el compromiso ciego inquebrantable. Posee algo que está más allá de la argumentación, y más allá del razonamiento, que es su posición como antitética a la educación (p.71). Barrow y Woods (2006) nos dicen que hay cosas en el mundo que son diferentes de la educación e incluso incompatibles con ella en ciertas áreas, pero el adoctrinamiento es la educación invertida. Implica la negación del valor de la racionalidad, un fenómeno real con el que debemos lidiar por razones que son demasiado numerosas como para enumerarlas (p.71). Ser honorablemente comprometido con una causa es una cosa, pero el adoctrinamiento es claramente otro nivel de funcionamiento, que requiere mucha más atención. El término creencia inquebrantable nos recuerda los esfuerzos extraordinarios que el sistema neurológico tuvo que hacer para aceptar pensamientos irracionales.

Al contemplar el símbolo cristiano de un Jesús apacible, manso y amable, uno debe preguntarse si los escenarios violentos descritos en Reuters (2004) podrían ser tolerados dentro del cristianismo. Las historias de violencia descritas en la primera mitad de la Biblia cristiana conocida como el Antiguo Testamento son un posible ejemplo de la similitud entre las religiones Abrahámicas y por qué este fenómeno puede no ser inconcebible y la violencia

Uno se ve obligado a preguntarse sobre los efectos que las afirmaciones bíblicas fuertes y violentas tienen sobre las mentes de los niños que están bajo el adoctrinamiento de la religión, particularmente las religiones Abrahámicas.

Los niños criados en las tradiciones cristianas e instruidas a leer la Biblia están obligados a dar sentido a este aspecto de su religión. La noción de un dios que es todo amor se cuestiona por ellos y en muchos casos el fundamento entero de su sistema de creencias se desmorona.

Los escritos de estos capítulos y versos varían de acuerdo con la versión de la Biblia que la persona posee, por lo tanto, uno es libre de consultar las versiones de su elección o algunas versiones, para el caso, a efectos de comparación. Estos escritos contenidos en la Biblia han sido condenados por algunos por su irracionalidad y rechazados por otros como insignificantes, pero rara vez son analizados por los efectos que tienen en las mentes de las masas, particularmente en las de los niños.

LA RELIGIÓN EN LAS RELACIONES HUMANAS

La tarea de explorar el papel de la religión en el progreso o no progreso humano es algo difícil, que requiere un grado abrumador de lo que se conoce como honra intelectual, es decir, una voluntad de explorar áreas que se consideran fuera Límites a la mayoría de los seres humanos, y confrontar lo que se consideran normas establecidas. Por ello, una investigación realista Un tema como la religión es aún más difícil y por ello debemos agradecer a los pocos investigadores atrevidos, que se arriesgan tanto a mirar hacia abajo y confrontar las normas establecidas. Los viejos amigos para atreverse a desafiar lo sagrado han arrojado a muchos como parias y otros fueron rechazados por colegas y otros profesionales, ya que se embarcaron en un tema que los hizo intranquilos. Para añadir a esto, los pocos que en el pasado se atreven a aventurarse en estas áreas delicadas a menudo lo hacen denunciando el orden establecido así como sus administradores, pasando por alto la masa crítica de pensadores necesarios para tener algún impacto en la tema. Esta denuncia y confrontación abierta ha llevado a la confusión más que a la claridad, en particular para aquellos que han sido aprovechados bajo la influencia de una infraestructura sociopolítica bastante poderosa. El resultado de esto, por supuesto, es el material de investigación limitado sobre un tema de esta naturaleza. Hay investigadores y académicos dedicados a este tema, pero su número es limitado, y como el primer la-bel adjunto a cualquiera que se atreva a abordar este tema es el de los ateos, hay una considerable reducción en el grupo de intelectuales dispuestos a ir tan lejos. Ninguna otra generación en el pasado ha tenido tanta exposición a los hechos científicos ya la evidencia que rodea la presencia de seres humanos en este universo. Si no por otra razón, nos debemos persuadir a las familias de toda inclinación religiosa o ninguna, para garantizar que estos hechos no estén ocultos a sus hijos.

LA PSICOTERAPIA
EL PROCESO DE SANEAMIENTO

Este manual también presenta una revisión integral del proceso que hemos llegado a conocer como psicoterapia, su historia y la contribución que ha hecho a la felicidad humana en general y al adelanto de la especie. La publicación de 1963 del Dr. Jerome Frank, *Persuasion and Healing (Persuasión y Saneamiento)* en la que compara los diversos enfoques terapéuticos de los últimos cincuenta años, servirá de punto de partida al explorar la dimensión multicultural del proceso psicoterapéutico y la eficacia en un entorno intercultural. Sin señalar un momento particular de la historia, puede argumentarse que el proceso terapéutico en su aspecto más rudimentario tuvo sus inicios cuando la especie desarrollara las capacidades de razonamiento e introspección. El raciocinio y la introspección, por lo tanto, se puede argumentar, son los fundamentos de la filosofía, ya que los seres humanos comenzaron a hacer preguntas sobre sí mismos y su entorno, su origen, su destino y la naturaleza de Dios. Este pensamiento profundo también dio paso a la disciplina que hemos llegado a conocer como psicología, un término griego para el estudio del alma. Los griegos equivalieron la psique como el Alma, y el Logos en griego simboliza el Estudio. Una clara comprensión de lo que hemos llegado a conocer como la profesión de ayuda es importante si queremos poner estos servicios a disposición de un mayor número de personas en nuestra sociedad, reconocer la enfermedad emocional generalizada que afecta a casi todos y eventualmente mejorar la eficacia de la Curación que tantos están tan desesperadamente en busca de. Otra forma de decirlo sería decir que el objetivo último de la psicoterapia es ayudar al individuo a conocerse más eficazmente, a desarrollar un conocimiento mayor y más eficaz del mundo y de la vida, y reconocer eficazmente los dos. Si hay algo de verdad en esa afirmación, podemos concluir con seguridad que la psicoterapia, el proceso diseñado para mejorar la psique humana, así como el proceso de pensamiento, todavía está en su infancia. Este argumento se hace porque aunque la mayoría de las intervenciones terapéuticas están dirigidas a ayudar a los clientes en el complejo proceso de desarrollar mecanismos, aceptación, adaptación, así como innumerables otros puntos de discusión, pocos o ninguno de estos mecanismos terapéuticos ofrecen al individuo más la comprensión del mundo físico en que viven y su lugar en ella. La mayoría de los pacientes están siendo asistidos para hacer frente a un mundo que apenas entienden, y en un gran número de estos casos los terapeutas no están mejor cuando se trata de ese tema en particular. El desenfoque de la línea que separa los hechos de la ficción crea un conflicto interminable y violento dentro de la mente de muchos individuos y este conflicto conduce al tipo de confusión que sirve efectivamente al interés de aquellos con respuestas para las que no hay evidencias. Estos individuos, o grupos, según sea el caso, utilizan esta confusión a su favor, promoviendo su marca de la verdad, aumentando así el sentimiento de culpabilidad y la confusión entre los comportamientos confusos y auto-perjudiciales son el resultado de la confusión. Los psicólogos y los filósofos todavía deben definir la ignorancia y la manipulación como el enemigo que amenaza la cordura, la seguridad, la paz mundial y la felicidad individual. Hasta que eso se dé, los centros terapéuticos seguirán repletas de personas que buscan ayuda para hacerle frente a las complicaciones innecesarias y otras confusiones que no han de ser. Sin un concepto claro de la historia de la humanidad la psicoterapia como tal no tiene sentido. El paciente sufre y el practicante se revela como el charlatán que es porque el que opta por ayudar al prójimo, su primer responsabilidad es la de llegarlos a conocer, no solo como individuos sino también como parte del grupo a que pertenecen, la especie humana. Homo sapiens es el término usado para describir a las criaturas capacitadas con el habla y la razón. Con los cambios rápidos en la tecnología y una sociedad transitoria que se mueve a grandes velocidades Todos requieren de la asertividad y los mecanismos de supervivencia que proporciona la psicoterapia efectiva.

Después de una breve revista de algunas de las metodologías de tratamiento más populares introducidas durante el siglo pasado, el foco de esta segunda mitad del libro está en el proceso de curación, y para eso volvemos a Jerome Frank. Dos tipos de curación serán discutidos en esta sección, uno es la forma religiosa-mágica espontánea de curación puesta de relieve en Frank (1963) y el otro es el proceso a través del cual las víctimas de abuso reducen el dolor la ira y la confusión que transportan como parte de su vida cotidiana. Esta última es a menudo el resultado de que el paciente ha encontrado una intervención terapéutica que les funciona, permitiéndoles así poner sus vidas y todo lo que les rodea en una perspectiva más funcional. Sobre el tema de la curación religioso-mágica tradicional, Frank (1963) señaló que las ceremonias de sanación son rituales dramáticos y emocionalmente cargados realizados en una atmósfera de ideologías compartidas, en la que las expectativas de curación del sujeto se intensifican, facilitando así la curación o al menos su apariencia.

La cura por medio de la charla continúa siendo representada por psicólogos como Freud y Breuer permaneciendo hasta la fecha como la forma más efectiva de resolver los males emocionales. Las expectativas son que en algún momento el campo de la psicología se aventurará en hacer un análisis profundo de este fenómeno inquietante y sus orígenes. La nuestra es una sociedad con problemas en la necesidad desesperada de la curación, pero la curación comienza con el individuo, y no hasta que un mecanismo apropiado para la curación está en su lugar, la sociedad misma será sanada. Por último, se puede decir que este libro es en realidad un plan para hacer de la psicoterapia un proceso más eficaz que sirve a un mayor número de personas, en particular aquellos que no han oído hablar del término y aquellos que nunca se han beneficiado realmente por su práctica. Es un modelo para un enfoque nuevo y más profundo de la psicoterapia, que ayudará a los pacientes / clientes a colocar el mito y la superstición en su perspectiva adecuada, permitiendo así al pacientes/clientes relacionarse más efectivamente con su realidad. En el Centro para el Desarrollo Intelectual reconocemos la raza como una construcción social, una invención si se quiere, por aquellos que tradicionalmente desempeñan el papel de dividir y confundir para debilitar. África como lugar de nacimiento de la raza humana ya no está en disputa, lo que se puede discutir es el proceso a través del cual la localización geográfica a través de la migración afectó el tono de la piel, rasgos faciales y otras características humanas. En los Estados Unidos, por ejemplo, la gente de ascendencia Africana ahora ha llegado a identificarse orgullosamente como afroamericanos. Este es un paso importante desde principios del siglo XX cuando Negro, y Color fueron las palabras de elección para la auto-descripción. A menudo fueron puestos con términos más despectivos, pero no es que no será parte de la conversación en este folleto. Haber renunciado al color para definirse lo que se necesita es que este grupo tome esa estrategia un paso más, definiendo a los otros grupos en términos técnicos similares. Al hacerlo, llegarán a la conclusión de que no hay personas blancas, no más que hay gente amarilla, o personas de color rojo. Debido a sus implicaciones históricas, el término blanco ha llegado a simbolizar la superioridad. Eliminar el término y el campo de juego psicológico se nivela aún más. A lo que se refieren como blancos son simplemente individuos que arribaron a América de varias partes de Europa con una agresividad tradicional que siempre los ha caracterizado. Este elemento merece ser estudiado, no tanto para llegarlo a conocer y poder anticipar sus acciones sino para ayudarlos a conocerse a si mismo. Por medio de sus instituciones le dedicaron mucho tiempo y esfuerzo al estudio de otros grupos étnicos, y casi en todos los casos las situaciones socioeconómicas de esos grupos se empeoraron. El hecho es que si hubieran dedicado algo de ese tiempo a un estudio honesto de sí mismo y su estructura neurológica, es posible que muchas de sus acciones no hubiesen sido tan inhumanas. La verdad es que no existen estudios comprensivos sobre el grupo que hoy definimos como Euro-americanos. Es nuestro concepto que esta medida reduciría casi de forma instantánea la influencia que este grupo ha tenido sobre el resto de la familia humana. Este estudio honesto permitirá que los grupos oprimidos comiencen a forjar un mundo nuevo, un mundo libre de toda influencia indebida. Tenemos la confianza de que la internalización de la realidad científica que aquí presentamos hará posible ese proceso que tantos anhelan.

ALICE MILLER (1923-2010)

Miller (1984) nos enseña que este gigante del campo de la psicología nació en una familia judía en Polonia y fue entrenado como psicoanálisis en Suiza, obteniendo su doctorado en 1953. En 1980, después de haber trabajado como psicoanalista y entrenadora de analistas durante 20 años, Miller suspendió su práctica y se dedicó a explorar el tema de la infancia. Ella era crítica de Sigmund Freud y Carl Jung por ignorar este asunto y varios otros en su práctica y en sus escritos. Sus primeros tres libros se originaron de la investigación que ella tomó sobre sí misma como una respuesta a lo que ella sentía eran puntos ciegos importantes en su campo. Sin embargo, cuando su cuarto libro fue publicado, ya no creía que el psicoanálisis fuera viable en ningún aspecto. En 1985, Miller escribió sobre la investigación de su tiempo como psicoanalista: "Durante veinte años observé a personas negando sus traumas infantiles, idealizando a sus padres y resistiendo la verdad sobre su infancia por cualquier medio."

Según Miller (2002), a pesar de todo el poder de Stalin, pasó su vida en el miedo de su padre. En cuanto a Hitler, declaró que creía que la aniquilación de millones de personas lo liberaría del miedo atormentador de su violento padre alcohólico. La Pedagogía Venenosa, en su opinión, contribuyó en gran medida a millones de niños y adultos que apoyaban las atrocidades de Hitler sin experimentar un sentimiento de horror. Dijo que Hitler y sus compañeros formaban parte de una generación de niños que habían sido expuestos a una brutal corrección física y humillación, y que más tarde liberaron su sentimiento reprimido de rabia y rabia indefensa hacia las víctimas inocentes. Con la seguridad de que lo hacían con las bendiciones del Führer, finalmente fueron capaces de dar libre dominio a esos sentimientos sin temor al castigo. Su afirmación es que dondequiera que la crueldad y la humillación sean parte del parentesco, esos métodos se reflejarán en el comportamiento de los jóvenes.

Miller (2010) afirma además que en nombre de una buena familia, millones de niños en todo el mundo están sometidos a alguna de las peores formas de violencia. Mao Tse Tung era el hijo de un maestro estricto que se dispuso a tambor obediencia y sabiduría en él con la ayuda de una severa corrección física. Más tarde, Mao intentó instalar esta misma filosofía en su país a costa de más de treinta y cinco millones de vidas. Como Hitler, Joseph Stalin fue expuesto a brutalidad increíble como un niño. El tratamiento brutal de Stalin a manos de un padre alcohólico causó dolor en su infancia con temor a ser asesinado durante uno de los estallidos de su padre. Como adulto, tenía el poder de rechazar ese miedo humillando a otros.

En resumen, lo que aprendemos de Miller (2010) y casi todas sus publicaciones y entrevistas es que la violencia mundial tiene sus raíces en el hecho de que los niños son golpeados en todo el mundo, especialmente durante sus primeros años de vida, cuando sus cerebros se estructuran. Dijo que el daño causado por esta práctica es devastador, pero este tema apenas se discute en nuestra sociedad. Ella añade que la supresión de sus acciones naturales como la rabia y el miedo generado por su incapacidad para defenderse contra la violencia infligida en ellos los obliga a descargar estas fuertes emociones más tarde como adultos contra sus propios hijos o naciones enteras. El ejemplo que a menudo señala es Adolf Hitler, cuya infancia estaba llena de violencia proveniente de un padre alcohólico. La violencia hacia el niño en forma de golpes y humillaciones no sólo produce hijos infelices y confusos, sino también adultos confundidos e irracionales que a su vez crean sociedades disfuncionales e irracionales. Miller concluye que sólo cuando nuestras sociedades tomen conciencia de estas complejas dinámicas romperemos esta insidiosa cadena de violencia.

El concepto de lesión moral puede valer la pena examinarlo, sobre todo porque tiene que ver con actos notorios de violencia que se perpetran contra un gran número de seres humanos. Explorar si un sentimiento de culpa o remordimiento es experimentado por el autor es el fenómeno psicológico que este término fue originalmente pensado para tratar.

Vargas (2013) definió la lesión moral como el sentimiento complejo que surge en el individuo tras perpetrar, no prevenir o dar testimonio de actos que están más allá de las creencias y expectativas morales profundamente arraigadas. La literatura sobre dos de los peores asesinos en masa del mundo revela que eran profundamente religiosos, o al menos eran criados en hogares religiosos. La pregunta que se plantea es si el elemento de Lesión Moral desempeñó un papel en cualquier momento de la vida de estos hombres ya que, según la literatura, la lesión moral puede conducir a serios problemas de depresión y suicidio. En abril de 1987 Miller anunció en una entrevista con la revista Alemana *Psychologie Heute (Psy-chology Today)* su rechazo al psicoanálisis. El siguiente ano anuló sus membrecías tanto en la Sociedad Psicoanalítica Suiza como en la Asociación Psicoanalítica Internacional porque consideró que la teoría y la práctica psicoanalíticas hacían imposible que las ex víctimas de maltrato infantil reconocieran las violaciones que se les infligieron y resolvieran Las consecuencias del abuso, ya que "se mantuvo en la antigua tradición de culpar al niño y la protección de los padres. Miller insiste que una enorme parte de la neurosis y la psicosis que padecen los niños provienen del abuso psicológico que tuvieron que vivir a manos de sus padres. Insiste que todos los casos de enfermedad mental, la adicción, y el crimen son causados en última instancia por la supresión de la rabia y el dolor que cargan estos niños. como resultado de un trauma subconsciente de la niñez que no se resolvió. Por casi toda la historia de la Sicología nadie se atrevía a culpar a los padres por los trastornos mentales de los niños. Observó ella que los profesionales de la salud mental eran también criaturas de la misma pedagogía venenosa internalizada en su propia infancia. Esto explicaba por qué el comando "Honra a tus padres" era uno de los principales objetivos de la escuela de psicología de Miller. Miller califico a la terapia electro convulsiva como una campaña contra el acto de recordar. En su libro *Abbruch der Schweigemauer (La Demolición del Silencio),* criticó el consejo de los psicoterapeutas a los clientes a que perdonaran a sus padres abusivos, argumentando que el recordar impedía la recuperación efectiva. Su opinión era que la mayoría de los terapeutas temen esta verdad y que trabajan bajo la influencia de las interpretaciones sacadas de las religiones occidentales y orientales, que predican el perdón por el niño maltratado. Ella creía que el perdón no resolvía el odio, sino que lo cubría de una manera peligrosa en el adulto. Un denominador común en los escritos de Miller es su explicación de por qué los seres humanos prefieren no saber acerca de su propia victimización durante la infancia: evitar el dolor insoportable. Ella creía que el control inconsciente del individuo, para no darse cuenta de cómo era tratado en la infancia, condujo al desplazamiento: el impulso irresistible de repetir la crianza abusiva en la próxima generación de niños o dirigir inconscientemente el trauma no resuelto contra Otros (guerra, terrorismo, delincuencia) o contra sí mismo (trastornos alimentarios, drogadicción, depresión). Miller (2010) afirma que la violencia en todo el mundo tiene sus raíces en el hecho de que los niños son golpeados en todo el mundo, especialmente durante sus primeros años de vida, cuando sus cerebros se estructuran. Insistió que el daño causado por esta práctica es devastador, pero desafortunadamente apenas notado por la sociedad. Argumentó que, a medida que se prohíbe a los niños defenderse de la violencia infligida a ellos, deben suprimir las reacciones naturales como la rabia y el miedo, y luego descartan estas fuertes emociones como adultos contra sus propios hijos o pueblos enteros: El abuso de los niños como la paliza y la humillación no sólo produce niños despreocupados y confundidos, no sólo adolescentes destructivos y padres abusivos, sino también una sociedad confundida, irracionalmente funcional. Miller afirmó que sólo al tomar conciencia de esta dinámica podemos romper la cadena de abuso.

Para un ejemplo de la calamidad a que nos exponemos cuando a un niño se le maltrata y se le niega a la vez el cura que se merezcan, tenemos que regresar al caso de Adolf Hitler. Waite (1971) presentó un estudio muy profundo de Hitler en el que explica que seis millones de judíos fueron sacrificados por la indignidad que sufrió Hitler, y la hiper-vulnerabilidad, la suciedad y la decadencia del que padeció como resultado de sus abusos. Esos estudios revelaron que: "Hitler obtuvo satisfacción sexual al tener una joven agacharse para defecar y orinársele en su cabeza". Esta era su "religión privada": su trascendencia personal de su ansiedad, la hiper experiencia y la resolución de la misma. Fue un viaje personal que realizó no sólo sobre los judíos y la nación Alemana, sino directamente sobre sus amantes. No es pura coincidencia que cada uno de ellos se suicidaron o hicieron el intento de suicidarse. No podían soportar la carga de su perversión, no podían vivir con un acto físico tan repugnante o con la absurda y descomunal incongruencia de este hombre objeto de todo un culto social, la esperanza de Alemania y del mundo, el vencedor del mal y la suciedad, es el mismo que en una hora te suplica en privado para "ser amable" con él con la plenitud de tus excreciones. Esta discordancia entre la estética privada y la pública es posiblemente demasiado para muchos. (p.234).

Lloyd deMause, un colaborador y amigo cercano de Alice Miller ha llegado a conclusiones similares declaró en deMause (1974): La historia de la infancia es una pesadilla de la cual la sociedad contemporánea recién ha comenzado a despertar. Cuanto más atrás se remonta la historia, más bajo es el nivel de cuido infantil, y lo más probable es que los niños sean asesinados, abandonados, golpeados, aterrorizados y abusados sexualmente. La referencia continua de deMause a la psicogénica recuerda a los lectores la posible relación que puede existir entre los problemas socioeconómicos actuales y el tratamiento que se les ha dado a los niños durante casi toda la historia humana. deMause sostiene que la fuerza central para el cambio en la sociedad no es ni la tecnología ni la economía, sino los cambios psicogénicos en la personalidad que se producen a causa de sucesivas generaciones de interacciones de los hijos progenitores. Por lo tanto, examinar cómo los niños fueron valorados y conceptualizados con el tiempo puede ayudar a comprender mejor la aparición y evolución de la violencia dirigida a los niños.

OTTO RANK (1884-1939)

Nacido en Viena Austria en 1884, Rango: era 28 años menor de Freud, y lo que es interesante en esta relación es que Rank pareció a Freud como su padre adoptivo. Fue discípulo y colega más cercano de Freud desde 1906 hasta 1926, los años formativos del movimiento psicoanalítico. Freud valoró su experiencia en el arte, la música, la literatura, la antropología, la historia, la ciencia y la filosofía. Freud le aconsejó no ir a la escuela de medicina, sino completar su educación académica. Rango obligado y obtuvo su PH.D a la edad de 28 años en la Universidad de Viena en 1912. Freud, sólo 5,7 "de altura se referiría cariñosamente a Rank, 5,3" como "Little Rank" en sus cartas a otro de sus colegas más cercanos, Carl Jung, que estaba encima de ellos a los seis pies de altura. En 1935, después de toda una vida bajo la protección de Freud, Rank zarpa rumbo a los Estados Unidos. Se encontraba ya desencantando con el movimiento del psicoanálisis, criticándolo por su estancamiento y inflexibilidad. Becker (1972) nos ofrece una de las citas más famosas de Otto Rank pronunciadas al comenzar el proceso de ruptura con Freud y el psicoanálisis:

> De repente... mientras yacía en mi cama, se me ocurrió lo que realmente era (o es) más allá de la psicología. Ya sabes ¿Qué? ¡La Estupidez! Todo eso complicado y elaborado acerca de la conducta humana no es más que un intento de darle un significado a uno de los motivos más poderosos de comportamiento es decir, estupidez..! Comencé a pensar que es aún más poderosa que la maldad, la mezquindad, porque muchas acciones o reacciones que

> parecen significativas son simplemente estúpidos inclusive, refiriéndose a ello como una maldad equivale a una justificación (p.251).

La relación entre Freud y Rank duró 20 años y los dos hombres; es justo decir; Se hizo mucho mejor como resultado de ello, a pesar de la diferencia de edad. También es interesante saber que ambos murieron en 1939. Freud el 23 de septiembre y Rank el 31 de octubre de ese año.

ERIC FROMM (1906-1980)

Eric Fromm fue quizás el más grande y más fiel de los seguidores de Freud. Como escritor prolífico, Fromm dedicó gran parte de su vida y energía a dar al mundo una mayor comprensión de Freud, sus tiempos, su personalidad y su trabajo. En ninguna parte se hace esto más eficazmente que en su libro, la Misión de Sigmund Freud. Aquí Fromm nos da una mirada personal a Freud y todo lo que está conectado con él. Él era el menor de Freud por 44 años, pero Fromm hizo más estudio deshilvanado y honesto sobre Freud que cualquier individuo individual. Como su biografía sugiere, la teoría de Fromm es una mezcla bastante única de Freud y Marx. Freud, por supuesto, enfatiza el tamaño de los impulsos inconscientes, biológicos, la represión, y así sucesivamente. En otras palabras, Freud postuló que nuestros personajes están determinados por la biología Marx por otro lado veía a la gente como determinada por su sociedad y sobre todo por sus sistemas económicos. Añadió a esta mezcla de dos sistemas deterministas, algo muy ajeno a ellos: La idea de la libertad permite al ser humano trascender los determinismos que Freud y Marx les encaja. De hecho, Fromm hace de la libertad la característica central de la naturaleza humana. Existen; Fromm señala ejemplos en los que sólo opera el determinismo. Un buen ejemplo de determinismo biológico casi puro a la Freud son los animales (al menos los simples). Los imanes no se preocupan por la libertad, sus instintos se ocupan de todo. Woodchucks, por ejemplo, no necesitan asesoramiento de carrera para decidir lo que van a ser cuando crezcan; Van a ser marmotas! Dos acontecimientos dieron forma a la vida de Fromm, y estos dos ocurrieron mucho antes de que él encontrara a Freud. La primera a los 12 años tenía que ver con una amiga de la familia de unos 25 años de edad. Como él lo describió: Ella era hermosa, atractiva y, además, un pintor, el primer pintor que he sabido que él declaró y recuerda haber oído que en algún momento ella había estado comprometida, pero después de algún tiempo rompió el compromiso. Fromm cuenta también que la joven estaba casi siempre en compañía de su padre viudo. El era un viejo in atractivo y carente de características interesantes, pero un día le llego la noticia de que el padre de la niña había fallecido y ella inmediatamente después tomo su propia vida estipulando en su testamento que quería ser enterrada con él. Este fue un evento impactante en la vida del pequeño Eric de apenas 12 años de edad. Lo dejo con varias incógnitas que no pudo resolver hasta muchos anos después durante su amistad con Sigmund Freud que las pudo resolver más tarde en su vida en Freud.

El segundo acontecimiento tuvo lugar dos años después con la Primera Guerra Mundial. A la tierna edad de 14 años vio los extremos a los que podía dirigirse el Nacionalismo. A su alrededor oyó el mensaje: Nosotros los alemanes (o más exactamente los alemanes cristianos) somos grandes; Ellos, los ingleses y sus aliados son mercenarios baratos. El odio, la histeria de la guerra, lo asustaban. Así que de nuevo quiso entender algo irracional de la irracionalidad del comportamiento de masas.

A los 22 años Fromm ya había recibido su doctorado en psicología, pero la singularidad de su contribución al psicoanálisis fue su propio énfasis en el Amor y la Racionalidad. Argumentó que el valor más alto para cualquier ser humano consistía en encontrar la unidad con el mundo mediante el pleno desarrollo de capacidades específicamente humanas de Amor y la Razón. Todo el intelecto del mundo no podía reemplazar el valor de estos dos. Fromm estaba desconcertado por las muchas tendencias que observó como un erudito e investigador. Se describe a sí mismo como un humanista radical y describe el humanismo radical como la filosofía que enfatiza la unidad de la raza humana, la capacidad de cada individuo para desarrollar sus propios poderes y para llegar a la armonía interior, ayudando a establecer un mundo pacífico.

CARL JUNG (1875-1961)

Quizás la más controvertida de todas las relaciones de Freud es la que mantuvo con Carl Jung. Al igual que Rank y todos los demás seguidores, Carl Gustav Jung, conoció a Freud a través de sus escritos, ya que era un escritor prolífico y escribió sobre una variedad de temas. Admiró a Freud y tuvo la oportunidad de conocerlo en Viena en 1907. La historia dice que después de conocerse, Freud canceló todos sus nombramientos para el día, y hablaron durante 13 horas seguidas, tal fue el impacto de la reunión de Estas dos grandes mentes. Freud eventualmente llegó a ver a Jung como el príncipe heredero del psicoanálisis y su heredero aparente, pero Jung había sido vendido por completo en la teoría de Freud y su relación comenzó a enfriarse en 1909 durante un viaje a América. Ellos se entretenían analizando los sueños de los demás, cuando Freud empezó a experimentar un exceso de resistencia al esfuerzo de análisis de Jung. Freud finalmente dijo que tendrían que parar porque temía perder su autoridad. Jung se sintió algo insultado. El siguiente relato de Eric Fromm en su libro *Sigmund Freud Mission,* nos cuenta más sobre la relación y nos da una mayor visión de Freud del hombre. La dependencia de Freud de la figura materna no se limitaba a su esposa y a su madre, fue transferido también a sus amigos. En casi todos los casos mantenía una intensa amistad durante varios años, seguido por una ruptura completa, generalmente al punto del odio. Asi lo hizo con Breuer, Fleiss, Jung, Adler, Rank e incluso Ferenczi, el alumno leal que nunca pensó que pudiera separarse de Freud y su movimiento. Breuer, un colega más viejo y exitoso, le había dado a Freud la idea que luego fuera a convertirse en lo que es el psicoanálisis. Breuer había estado tratando a una paciente, Ana O., y descubrió que cada vez que ella se encontraba bajo su influencia hipnótica y la invitaba a expresarse libremente ella encontró que se sentiría aliviada de sus confusiones y sus síntomas depresivos. Bruer concluyo que estos síntomas fueron causados por un trastorno emocional que Ana O. había experimentado mientras le daba cuido a su padre enfermo. La falta de comprensión del origen de estos síntomas contribuyo fuertemente a la confusión y la irracionalidad que en ella se manifestaron. Fue así que Breuer le dio a Freud la sugerencia más importante de su vida, una sugerencia que formó la base de la idea central del psicoanálisis. Más allá de eso, Breuer actuó hacia Freud como un amigo paternal, incluyendo también una considerable ayuda material que este le haya brindado. Entre los dos ya se estaba desarrollando un desacuerdo teórico porque Breuer nunca se redujo a cumplir con las exigencias de Freud que este su adulto mayor se convirtiera en su fiel seguidor adoptando sus obsesionadas teorías sobre el sexo. Pero ciertamente tal desacuerdo teórico no conduciría normalmente a una ruptura personal, por no hablar del odio que Freud sentía hacia su antiguo amigo y benefactor. Esta diferencia científica por sí sola no podía explicar la amargura con que Freud escribió sobre Breuer en su correspondencia con Fleiss durante la década de 1890. Una crítica válida de Sigmund Freud es que no pudo describir nada positivo sobre el inconsciente. Creía firmemente que el objetivo de la psicoterapia era reavivar pensamientos ocultos en el inconsciente o subconsciente, pero lo hacía parecer tan desagradable que uno tenía que pensar dos veces si los esfuerzos al respecto valían la pena. Lo describió como un caldero de deseos ardientes, un abismo sin fondo de antojos perversos e incestuosos, un cementerio virtual para experiencias aterradoras que persistentemente volvían a atormentarnos.

ROLLO MAYO (1909 - 1994)

El círculo de los hombres responsables de lo que es ligeramente conocido como el *Movimiento de Psicoanálisis* se completa con Rollo. Él era el único americano en ese círculo que vivió hasta la vejez madura de 83, pero su educación era menos que agradable, con los padres que se divorciaban cuando todavía era un niño y su hermana sufrió de la psicosis severa. Para empeorar las cosas, mayo también tuvo un ataque serio con la tuberculosis alrededor de la edad de 30 que casi le costó su vida. Pasó tres años en un sanatorio y mientras contemplaba las posibilidades de la muerte, se lanzó a la lectura. Al graduarse de la universidad, pasó algún tiempo en Europa donde se afilio a Alfred Adler. En 1953, May publicó su obra titulada "La búsqueda del hombre por sí mismo". En él ofrece un análisis profundo y preciso de la psique del ser humano moderno y sus aflicciones. En el prefacio del libro May comenta: Una de las bendiciones de vivir en una época de ansiedad es que nos vemos obligados a tomar conciencia de nosotros mismos. La inseguridad dolorosa de todos lados nos da un nuevo incentivo para preguntar, ¿existe quizá alguna fuente importante de guía y fuerza que hemos pasado por alto? La gente pregunta el uno al otro, ¿cómo puede uno alcanzar la integración interna en un mundo tan desintegrado? O se preguntan: ¿Cómo puede alguien emprender el largo desarrollo hacia la autorrealización en un tiempo en que prácticamente nada es seguro ni en el presente ni en el futuro? La mayoría de la gente reflexiva ha meditado estas preguntas. Los psicoterapeutas no tienen respuestas mágicas. Pero hay algo además de su entrenamiento técnico y su propia comprensión de sí mismo que le da a un autor la oportunidad de correr donde los ángeles temen pisar, ofreciendo así sus ideas y experiencia sobre estas preguntas difíciles. Este algo es la sabiduría que el psicoterapeuta obtiene al trabajar con personas que se esfuerzan por superar sus problemas. Tiene el privilegio extraordinario, aunque frecuentemente tributario, de acompañar a las personas a través de sus íntimas y profundas luchas para lograr una nueva integración. Y aburridos de hecho serían los terapeutas que no obtuvieron vislumbres en lo que ciega a la gente de sí mismos, y lo que los bloquea en la búsqueda de valores y objetivos que pueden afirmar. No veo cómo el terapista puede ser nada más que profundamente agradecido por lo que se le enseña diariamente sobre los temas y la dignidad de la vida por aquellos que son llamados sus pacientes. Nuestro objetivo es descubrir maneras en que podamos hacer frente a la inseguridad de nuestro tiempo, encontrar un centro de fuerza dentro de nosotros mismos y, en la medida de lo posible, señalar el camino hacia el logro de valores y metas que pueden depender en un día cuando Muy poco es seguro. Una de las primeras cosas necesarias para una relación creativa con los demás es eliminar el tema de los religiosos del diálogo. Él siente que hacer a Dios una entidad, un ser sobre otros seres, situado en el espacio es una transición de una visión primitiva, está llena de contradicciones y es fácilmente refutable. La religión o la falta de ella se muestra no a alguna formulación intelectual o verbal, sino a la orientación total a la vida. La religión es lo que el individuo acepta que es. La actitud religiosa de uno se encuentra en ese punto donde él tiene una convicción que hay valores en la existencia humana por el cual el individuo el individuo puede vivir o morir. El punto que deseamos enfatizar es que psicológicamente la religión debe entenderse como una forma de relacionarse con su propia existencia.

Estos seis gigantes del campo de la psicología se presentan para ayudar a los estudiantes a familiarizarse con los pioneros del campo.

OTRAS CAUSAS DE LA VIOLENCIA

Desde el punto de vista sicológico la violencia lleva múltiples causas pero ese estudio también requiere de mucha honestidad de parte de todos y nuestra capacidad como especie para demostrar la honestidad intelectual todavía no se ha demostrado. Buscamos miles de formas para engañarnos en cuanto a casi todo. Por ejemplo, el estudio tendrá que preguntarse si la violencia que hemos demostrado como especies no es sólo un subproducto del deseo irresistible que el fuerte tiene de aprovecharse de los más débiles. Si es así entonces el problema es mucho más complicado de lo pensábamos. Eso sería tal vez una confirmación de la naturaleza violenta que lleva la especie humana, una violencia que pudo haber sido codificada en nuestro ADN. Esto implicaría una nueva estrategia y un dialogo aún más profundo de lo que se pretendía previamente.

Aun con dos guerras mundiales en su historia la especie humana nunca produjo un mecanismo para estudiar la causa de la violencia entre los seres humanos. Poco después de la segunda guerra mundial psicoanalistas como Alice Miller y sus colegas empezar a estudiar la niñez de hombres como Adolf Hitler, Joseph Stalin, Benito Mussolini y otros para tratar de entender la fuente de tanta ira y tanto odio hacia el prójimo. Descubrieron que en casi todos los casos estos elementos sufrieron de un enorme maltrato durante su niñez y cuando se les dio la oportunidad no pudieron resistir el sentimiento de venganza, de hacer pagar a toda la humanidad por las humillaciones que ellos mismos experimentaron durante su niñez. No hay campo en este pequeño folleto para presentar la experiencia de estas vidas, pero todo eso es información pública y las pequeñas computadoras que llevamos en el bolsillo nos permiten acceder toda esa información sin costo alguno.

Si le agregamos a esto el rechazo que sentimos por la idea de que somos una especie en transición, una especie cuyo desarrollo no ha sido completado todavía, nos daríamos cuenta que la violencia desbordada nos puede acompañar por mucho tiempo.

EL AUTODESCUBRIMIENTO MEDIANTE EL TRATO A LOS NINOS

El análisis profundo que hace este pequeño folleto incluye el trato que hasta la fecha se le ha dado a la niñez y para eso vale la pena presentar las opiniones de los que han estudiado el tema con profundidad. Uno de ellos es el autor y analista Lloyd deMause. En un ensayo que apareció en la publicación *Journal of Psychohistory* (1992) de 25. (3), deMause declaró:

> Mis conclusiones después de una larga trayectoria de estudio con respecto a la infancia y la sociedad, es que la historia de la humanidad está basada en el abuso de los niños. Al igual que el terapeuta familiar hoy en día encuentra que el abuso infantil a menudo funciona para mantener juntas a las familias, una manera de resolver sus problemas emocionales, también el asalto rutinario de los niños ha sido la manera más efectiva de mantener la homeostasis emocional en la sociedad. deMause que la mayoría de las familias históricas practicaron el infanticidio, el incesto, el asalto físico y la mutilación de sus hijos para aliviar las ansiedades (p.97).

deMause (1974) disputa las acusaciones de que el infanticidio era un problema del mundo oriental y que el oriente era demasiado civilizado para esas prácticas. Al contrario alega el, el infanticidio se dio tanto de niños legítimos como lo fue de niños ilegítimos. Era una práctica regular en la antigüedad, en la que participaron muchas naciones y grupos étnicos. La práctica fue en gran medida minimizada a pesar de los centenares de referencias hechas por los antiguos que este era una costumbre cotidiana.

En muchos de los caso los niños eran arrojados a los ríos, pozos, trincheras, envasados en jarras para morirse de hambre y expuestos en las colinas y a la orilla de la carretera para convertirse en presa de pájaros y alimento para las bestias salvajes. No solo eso cuenta deMause, se escribían libros con instrucciones para asistir a los padres a decidir que niño valía la pena criar y cuáles no. Según deMause al primogénito se le permitía vivir sólo si era sano y esto era solo con los varones, el destino de las niñas era aun más sombrío. Hilarion, un hombre que se encontraba lejos de casa durante el embarazo de su esposa le dice en una carta: Si es un niño que viva pero si es una niña, expóngala. Era de esperarse concluir, dado este escenario, que la proporción de sexos se vería grandemente alterada, pero deMause refuta también eso en base de que los niños y las niñas de nacimiento ilegítimo, fueron asesinados por igual. Lo que es aún más desconcertante es la declaración de deMause de que los hijos legítimos de padres ricos también fueron asesinados regularmente; tanto así que el historiador Polibio sintió la necesidad de señalar cuánto había afectado la práctica la población Griega. No sólo el asesinato de niños era una práctica común en Europa y otras partes del mundo, no había leyes en los libros que prohibían la horrenda práctica. deMause (1974) nos da las palabras del célebre filósofo griego Aristóteles con respecto a esto: *En el tema de exponer o criar a los niños que llegan a nacer, ha de crearse una ley que ningún niño malformado ha de ser criado* (p.26).

Otro célebre filósofo Griego Aristipus supuestamente discípulo de Sócrates, era aún más horripilante en su descripción de los niños y el trato que se merecían:

> Un hombre podía hacer lo que quisiera con sus hijos, de igual manera que nos deshacemos de piojos, y otros elementos que estorban. A los perros locos les golpeamos en la cabeza; al buey feroz y salvaje se les mata; a las ovejas enfermas se le mata para evitar que infecten el rebaño; a los progenitores no naturales los destruimos; a los niños que al nacer son débiles y ab-normales los ahogamos. Sin embargo, no es la ira, sino la razón que separa lo dañino de lo sano. (P.27).

deMause (1974) explica que el proceso europeo de asesinato de sus hijos salió de un pensamiento muy sereno, deliberado y bien calculado, a pesar del horror y la brutalidad que representa. Los miles de huesos desenterrados en varios sitios arqueológicos, con muchas inscripciones que definen a las víctimas como primogénitas, hallazgos que se remontan a 7000 años antes de Cristo. Muchos de estos niños se encontraban sellados en paredes y en cimientos de edificios y puentes supuestamente para reforzar su estructura; una práctica que se hizo común desde la construcción del muro de Jericó hasta 1843 en Alemania. Cada vez que se iniciaba una gran obra habría niños para sacrificar. Siempre que un nuevo edificio o puente fue construido, un niño sería encostrado en su fundación.

deMause reporta que en 787 A.D. se estableció en Milán el primer hogar hallado, seguido de hospitales en Roma, Florencia y otras ciudades. Esta fue la respuesta de la iglesia a un importante problema social: el infanticidio y el abandono de los niños no deseados. A finales del siglo XII, el Papa Inocencio III estableció en Roma el Hospital del Santo Espíritu porque de allí demasiadas mujeres lanzaban a sus hijos al rio Tíber. Londres, París y San Petersburgo también tenían hospitales infantiles y a mediados de la década de 1830, el hospital de San Petersburgo tenía "25.000 niños en su lista y admitía 5.000 recién llegados al año. Era eficiente y bien dirigido; Sin embargo, entre el 30 y el 40 por ciento de los niños murieron durante las primeras seis semanas y apenas un tercio alcanzó la edad de seis años. En el hospital de Londres, a mediados del siglo XVIII era imposible hacer frente al número de niños no deseados. En palabras de John Brownlow, "En lugar de ser una protección para los vivos, la institución se convirtió, por decirlo así, en una casa para la muerte. Tan horrible era el trato a los infantes agrega el autor, que en 1527 un sacerdote pronunció que *las letrinas resuenan con los gritos de los niños que han sido sumergidos en ellos* (p.29).

El análisis de Gilligan (1982) resume la mayor parte de lo que este informe tiende a transmitir, que la falta de respeto hacia el niño produce hostilidad entre una serie de otras emociones y que sólo cuando la sociedad en su conjunto reconoce esto y se da cuenta de la importancia de tratar a los niños con el merecido respeto.

Cerramos esta sección con un leve análisis de la insensibilidad y brutalidad de la mafia siciliana, ¿motivo de preocupación para muchos al preguntarse qué circunstancias humanas podrían haber producido ese nivel de depravación? La única respuesta que tenemos hasta la fecha son las investigaciones de la psicoanalista Italiana Silvia diLorenzo. En el libro *La Grande Madre, Mafia,* Di Lorenzo describe las interacciones reales entre madre y niños en Sicilia y la ofrece como su versión de los orígenes maternos de la violencia de la mafia:

> Si uno de sus hijos comete una falta las madres no recurren a simples golpes, los atacan con mordiscos en la cara, las orejas y en los brazos logran comunicar sus disgustos. Lo hacen tan ferozmente que en la mayoría de los casos la sangre corre y todo esto ocurre en la calle frente a un público anonadado que trata de entender como una mujer hermosa transforma su fisonomía en tan poco tiempo, su piel convirtiéndose en un rojo purpuro, y sus ojos ensangrentados, dientes rechinando mientras se entrega a los temblorosas y a las convulsiones. Se requiere de la intervención de los más fuertes que con dificultad arrancan a la víctima, poniéndole fin a la grotesca escena que se asemeja más al salvajismo que cualquier otra cosa (p. 153).

EL CONCEPTO DE LA RAZA

En su publicación de 1964: La Ascendencia del Hombre Alan Houghton Brodrick comenta:

> El hecho es que la palabra *raza* en cuanto a su uso se refiere, debería ser un legado para los racistas y su uso restringido a solo ese grupo. En cuanto a asuntos antropológicos, sociales y políticos el término como tal ha perdido todo su valor. Existe sólo hay una raza, la raza humana. (Página 31).

Esta declaración simboliza todo lo que intentamos hacer en el Centro para el Desarrollo Intelectual. Sumamos a esto el hecho de que la raza es un concepto social, una invención si se quiere, por aquellos que tradicionalmente desempeñan el papel de dividir y confundir a la especie humana para fácilmente controlarlos. Como término que defina los diferentes grupos dentro de la familia humana raza ahora carece de valor. Los miembros más desarrollados de la especie han tomado una postura contra la manipulación y la división que este término representa.

La declaración de África como el lugar de origen de la especie humana ya no está en disputa entre los investigadores académicos. La única discusión hoy día es en torno a la forma en que distintos emigraron del continente y como su ubicación geográfica afectó su tono de piel y otras características anatómicas.

En los Estados Unidos, por ejemplo, la etnia Negra ha llegado a identificarse orgullosamente como Afroamericanos. Este es un enorme paso porque a principios del siglo XX todos se definían como personas de color. A menudo fueron descritos con términos aun más despectivos, pero no es que no será parte de la conversación en este folleto. Renunciándose al concepto del color para definirse tanto como persona o como grupo es de enorme progreso para la especie. Lo que importa es que este grupo utilice la misma estrategia para definir a los otros grupos en su entorno. Esa práctica ya se está dando puesto que tenemos a grupos como: Germano Americano, Italo Americano, Franco Americano, Ruso Americano y otros. Lo importante es que estos términos no incluyen el concepto del color. A nivel de consciencia blanco implica pureza y negro simboliza lo sucio. Con esta nueva estrategia la raza blanca deja de existir, así como la negra y todas las otras definidas por el color. Debido a sus implicaciones históricas, el término blanco ha llegado a simbolizar la superioridad. Eliminamos el término y el campo de juego psicológico se nivela. Los que se refieren a si mismo como blancos son en verdad Europeos que llegaron a América desde varias partes de Europa con una agresividad tradicional que los sigue caracterizando hasta la fecha. El análisis detallado de aquellos a los que se refieren a si mismo blanco reduciría casi de inmediato la influencia psicológica que este grupo ha tenido sobre otros. También permitirá que este grupo terriblemente oprimido comience a forjar un mundo nuevo, libre de toda influencia indebida. No hay duda de que la internalización de la realidad científica descrita aquí facilitará ese proceso

DESDE EL AFRICA

En los últimos años los científicos han dado un nuevo significado al término de África, a pesar de que se ha revelado para décadas que África es la cuna de la especie humana y el lugar de nacimiento de la civilización, detalles sobre cómo la especie migró de allí a El resto del mundo aún no estaba disponible.

El reciente proyecto genealógico humano patrocinado por *La National Geographic* ya ha comenzado a eliminar el misterio sobre cómo se desarrolló este desarrollo.

El estudio comenzó y sigue centrándose en torno a un esfuerzo para rastrear el ADN mitocondrial, el tipo de ADN que se remonta sólo a la hembra de la especie. Esta información es útil para dar a los individuos un perfil de sus estructuras genealógicas y ayudarles a predecir algunas de las enfermedades a las que podrían estar expuestos dado sus perfiles genealógicos. Para hacer el trabajo, se vieron obligados a elaborar un mapa de las migraciones que emprendieron las especies al instalarse en diferentes territorios alrededor del mundo. Las profundas complejidades científicas involucradas en el rastreo de ADN no son algo que estamos preparados para embarcarnos en este manual, pero está libremente disponible para cualquier persona que desee educarse sobre este tema.

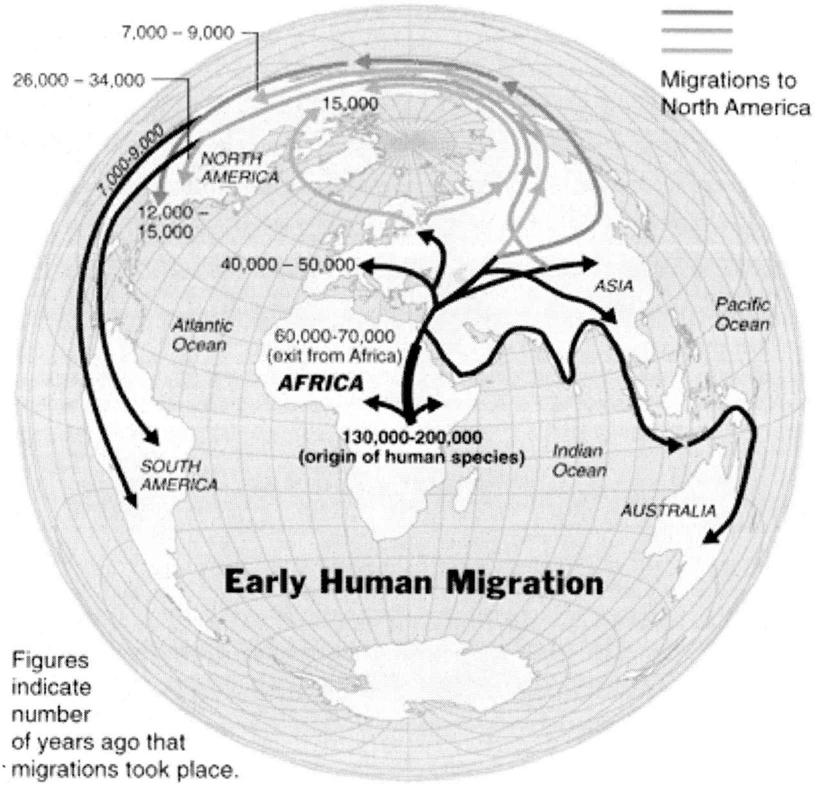
7,000 – 9,000
26,000 – 34,000
Migrations to North America
15,000
7,000-9,000
NORTH AMERICA
12,000 – 15,000
40,000 – 50,000
ASIA
Pacific Ocean
Atlantic Ocean
60,000-70,000 (exit from Africa)
AFRICA
130,000-200,000 (origin of human species)
Indian Ocean
SOUTH AMERICA
AUSTRALIA
Early Human Migration
Figures indicate number of years ago that migrations took place.

LA EDUCACIÓN COMO AUTOPRESERVACIÓN

También en el momento de escribir este artículo se está produciendo una crisis psicológica entre los jóvenes Afroamericanos convencidos de que sus vidas pueden desaparecer a discreción de cualquier funcionario de la ley de la etnia Europea. La única justificación que han de presentar es el temor. Esta es una crisis que tiene machos adultos de la etnia Afro en busca de respuestas ante este exterminio moderno. Las instituciones religiosas y académicas están en una pérdida de respuestas en relación con esta crisis. Como organización, nuestra única respuesta a esta crisis es, por el momento, una renovada atención a la educación, no sólo a la educación convencional con sus retrasos innecesarios, sino un enfoque revolucionario de la educación que garantice a un estudiante motivado una maestría o mejor un doctorado. Entre este grupo de asesinados no figura alguno con un doctorado o una maestría. No es que sea imposible pero las circunstancias cuando el elemento es educado y entrenado en materias relacionadas con las autoridades suelen tener un resultado distinto. En otras palabras los profesionales suelen estar mejor capacitados para manejar situaciones tensas entre seres humanos. Obviamente este sería un plan a largo plazo. No tendríamos efecto sobre un caso que ocurra mañana. Pero al ano, o tal vez dentro de unos cuantos meses, su efecto podrá verse y unas cuantas vidas podrán haberse salvado. Un racista envenenado portando un arma de fuego siempre buscara la oportunidad de saciar sus deseos. Lo importante es que se les niegue las oportunidades. Los jóvenes de la etnia Negra en los Estados Unidos se encuentran en peligro de extinción en este momento y se deben tomar medidas para protegerlos. Un camino directo hacia la maestría o hacia el doctorado se encarga de varias cosas a la vez: A- Ese joven se convierte en un líder potencialmente. Su estabilidad emocional y fortaleza intelectual influirá positivamente a los que lo rodean. B- Este ya no será parte de la clase pobre. C- Es una persona menos para el sistema penitenciario en la que muchos de sus compañeros se encuentran involucrados. Esta vía rápida hacia el posgrado no excluye niñas ni jóvenes de otras etnias, sin embargo, deben entender la premisa del programa, y deben estar dispuestos a contribuir intelectualmente a remediar esta crisis. Dada la misión de esta organización, el plan de estudio para estos títulos se inclina fuertemente hacia la ciencia y a la psicología. Estas dos áreas de estudio permiten a sus profesionales aportar claridad y dirección a aquellos en su búsqueda. Por su propia naturaleza, y para la misión que se emprende, estas dos áreas de estudio que son amplias en su alcance, ofrecen seguridad en el empleo para casi todos los que persiguen este rumbo. No solo eso, esa educación conjuntamente a la información que se le ofrece aquí hará de este joven un mejor ser humano y un elemento de intelecto superior.

ESPERANZAS PARA EL FUTURO

Solo en las últimas cuatro décadas empezaron los psicólogos a sugerir que la causa de la violencia puede estar localizada en la infancia y que tiene algo que ver con el deseo irresistible de sentirse superior a otros. Alegan que esta patología tiene mucho que ver con el sufrimiento a que muchos se han desde los inicios de la civilización. La idea de que estos conceptos se generen en la infancia es alarmante y requiere de estudios más profundos. Este folleto es parte central del nuevo dialogo que se está dando sobre el tema de la violencia, en particular la

Desafortunadamente existen pocas fuentes de información sobre el tema y eso es porque casi todos los autores lo evitan.

Unos expertos opinan que se le debería brindar más apoyo social y económico a los padres de familia reconociendo que las condiciones opresivas debajo de las cuales muchos viven conduce al abuso físico. Pero hay quienes opinan que la protección a los niños contra el castigo físico de sus padres y otros no debería depender de mejoras en los arreglos socioeconómicos en la vida de esos padres. Lo importante es que admitan que su comportamiento es básicamente una ventilación de sus frustraciones en los niños y que eso no puede continuar. De acuerdo al estudio, esos mismos padres afirman que el golpear a los niños rara vez les produce alivio alguno y que su deseo es la de hallar formas más efectivas de disciplinar para sus hijos.

Los expertos en la materia sugieren una disciplina no punitiva y citan investigaciones que demuestran que el control efectivo del comportamiento de los niños no depende de castigos por el mal que pudieron haber hecho sino el establecimiento de límites claros y consistentes que ayudan a impedirlos. Un enfoque más radical de este tema es ofrecido por Jordan Riak, director de. En el boletín del ano 1992 de la organización Riak publicó un ensayo titulado *Plain Talk About Spanking* (Charlas Abiertas Sobre el Castigo Físico) que sostiene que el castigo físico es más que todo una costumbre que desarrollan los padres, y a la cual se han habituado porque les proporciona un escape inmediato para sus sentimientos de frustración y la ira. Lo peligroso de esto es que la violencia, por su propia naturaleza, tiende a escalarse porque le trae al agresor cierto grado de satisfacción. Esto indica, según Riak (1992) que no hay manera segura de golpear a una criatura pequeña e indefensa.

LA ADICCIÓN Y LA POLÍTICA DE LAS DROGAS

Una organización no gubernamental comprometida a capacitar a sus miembros intelectualmente no estaría completa sin un análisis del impacto de las drogas ilícitas, no sólo nuestra sociedad sino en el mundo en que vivimos. Las drogas ilícitas impactan a los que servimos, así que es inevitable que se tome el tiempo para hacer un análisis detallado de este tema, y definir la actitud que nuestra organización tiene la intención de mantener sobre tema. No hace falta decir que la violencia generalizada producida por el tráfico ilícito de drogas no se limita a los Estados Unidos, aquí los niños atrapados en los fuegos cruzados de las guerras de pandillas son asesinados casi todos los días, pero la situación parece ser aún peor en los países del sur de los Estados Unidos y el Caribe, donde los jóvenes compiten por la oportunidad de llevar sus productos al mercado abusivo de drogas que existe en los Estados Unidos. Un componente necesario de la actividad intelectual es el reconocimiento de la realidad del entorno social, a pesar de nuestros esfuerzos para promover el crecimiento intelectual y la autonomía intelectual, reconociendo el encanto lucrativo que el negocio del tráfico de drogas representa, en muchos casos, es un obstáculo casi insuperable de nuestros esfuerzos para ayudar a un buen número de adolescentes. Esta realidad nos obliga a revisar y discutir ideas como la despenalización, la descriminalización e incluso la legalización de las drogas, ideas que sólo pueden ser discutidas adecuadamente por personas con inteligencia avanzada.

Un daño adicional causado por nuestra política hacia las drogas es que los seres humanos tratan de escapar de las zonas asoladas por la delincuencia en los países del sur de los Estados Unidos, se dirigirán al único país en el que puedan tener acceso a su mera supervivencia económica. Sin embargo, cuando persiguen esta, su única opción, inmediatamente se convierten en criminales en virtud de este esfuerzo por sobrevivir. Cuando son capturados y eventualmente deportados a su país de origen, este siendo inhabitable por el tráfico y la violencia que originalmente intentaron escapar, la desolación, la desesperación y el crimen a menudo se convierten en su única opción de supervivencia.

Al contemplar las tres palabras mencionadas anteriormente: *la despenalización, la decriminalización y legalización* , valdría la pena echar un vistazo a las sociedades que han experimentado estos conceptos. Todos nos hemos familiarizados con el caso de Holanda, donde se informa que utilizan a voluntad, los tipos de drogas que son ilegales en los Estados Unidos. Las opiniones varían en cuanto a los resultados reales de la experiencia sobre la accesibilidad de drogas en Holanda, pero una experiencia más reciente con la accesibilidad de drogas se puso en práctica en Portugal, altamente controversial en su naturaleza y con una gran cantidad de predicciones sobre su inminente fracaso. Sin embargo, en un artículo publicado el 7 de Abril del 2009, en la revista *Scientific America* titulado: Cinco Años Después: La política de despenalización de las drogas de Portugal muestra resultados positivos, el escritor Brian Vastag sostiene que desde el inicio del experimento en el año 2001, las muertes callejeras relacionados con las drogas por sobredosis, se redujeron significativamente, al igual que los casos de nuevas infecciones por el

VIH. Para hacerle frente a un número creciente de muertes y casos de VIH relacionados con el abuso de drogas, el gobierno portugués en 2001 intentó una nueva táctica para tener un control de este dilema. Despenalizó el uso y posesión de heroína, cocaína, marihuana, LSD y otras drogas callejeras. Cinco años más tarde, el número de muertes callejeras por sobredosis de drogas se redujo de alrededor de 400 a 290 al año, y el número de nuevos casos de VIH causada por el uso de agujas sucias para inyectarse heroína, cocaína y otras sustancias ilegales se desplomó de casi 1.400 en el año 2000 a cerca de 400 en el año 2006. La atención se centró en el tratamiento y la prevención en lugar de encarcelamiento a los usuarios, y esta acción disminuyó el número de muertes e infecciones, así que en vez de ser puesto en la cárcel, los adictos acuden a los centros de tratamiento donde aprenden a controlar su consumo de drogas o come dejar las drogas por completo. Vastag (2009), nos da algunos detalles de la experiencia portuguesa, informándonos que en virtud de la ley del 2001, las sanciones para las personas atrapadas en negociaciones y el tráfico de drogas no ha cambiado, que los distribuidores siguen encarcelados y sometidos a multas, dependiendo del delito. Pero las personas atrapadas con uso o posesión de pequeñas cantidades-definida como la cantidad necesaria para los 10 días de uso personal-son llevados ante lo que se conoce como una "Comisión de Disuasión", un cuerpo administrativo especial compuesto por tres personas. Que había varias de estas comisiones las cuales incluyen cada uno al menos un abogado o un juez y un médico o un trabajador social. Vastag (2009) nos dice, el panel tiene la opción de recomendar un tratamiento, una pequeña multa o sanciones de ningún tipo. Vastag (2009) luego cita a Walter Kemp, portavoz de la Oficina de Naciones Unidas contra la Droga y el Delito, quien indica que la descriminalización en Portugal "parece estar funcionando y que su oficina está poniendo más énfasis en mejorar los resultados de salud, como la reducción de las infecciones transmitidas por la aguja. La legalización de las drogas, sostiene Vastag (2009), elimina todas las sanciones penales por la producción, venta y consumo de drogas; ningún país ha probado al contrario, la despenalización, como se practica en Portugal, elimina las penas de cárcel para los consumidores de drogas, pero mantienen las sanciones penales para los distribuidores. España e Italia también han despenalizado el uso personal de drogas y el presidente de México ha propuesto hacer lo mismo (p. 1) La revista *Economista*, del 29 de Agosto del 2009, publicó un artículo titulado: "Tratar, No Castigar" No se menciona a un autor específico para el artículo pero hizo mención continua referente a un estudio realizado por el abogado constitucionalista Glenn Greenwald sobre la experiencia Portuguesa con respecto a la despenalización de drogas. Greenwald en ella se dice que argumenta que las evidencias en Portugal desde el año 2001 es que la despenalización del uso y posesión de las drogas tiene muchos beneficios y sin efectos secundarios dañinos, a pesar del hecho de que en el 2001 los periódicos de todo el mundo llevaron informes gráficos de los adictos que se inyectan heroína en las sucias calles de un barrio de Lisboa. Cuando se encontró un mochilero británico joven en estado de coma en una esquina de la calle de Lisboa, el gobierno tomó las medidas necesarias, y el resultado fue una ley de despenalización en el país. El uso personal y posesión de todas las drogas, incluyendo la heroína y la cocaína fue permitido. Los medios de comunicación extranjeros, expresaron inquietud de que los centros turísticos se convertirían en un espacio donde los turistas serían permitidos a drogarse abiertamente. Algunos políticos conservadores llegaron hasta el punto de denunciarlo como una locura, convencidos de que aviones cargados de estudiantes extranjeros se dirigían para el Algarve a fumar marihuana sin preocupación alguna. Luego, el informe evalúa las políticas de drogas de Portugal en el contexto del enfoque de las drogas en los Estados Unidos. Los marcos legales de cada país, así como la tendencia hacia la liberalización, se examinan para permitir una evaluación comparativa significativa entre los datos portugueses y estadounidenses. La conclusión de Greenwald fue: juzgado mediante todas las métricas existentes, y encontraron que el marco de descriminalización Portugués ha sido un éxito rotundo, y que dentro de este éxito, se encuentra una lección evidente que debería guiar los debates sobre políticas de drogas en todo el mundo (p. 1)

En su informe anual sobre el estado de la política global de las drogas, las Naciones Unidas opinó sobre la experiencia Portuguesa elogiando las medidas de despenalización de las drogas tomadas en ese país Europeo. Esta información nos llegó por medio de un artículo publicado el 24 de junio del 2009 en el *Huntington Post*, por el escritor Ryan Grim. Esto es importante debido a que en años anteriores, el zar antidroga de la Organización de las Naciones Unidas había expresado escepticismo sobre la despenalización en Portugal, ya que se habían eliminado las sanciones penales en el 2001 por posesión personal de drogas, reemplazando el tratamiento por el encarcelamiento. El Zar de antidrogas de la ONU, declaró que la política estaba en violación de los tratados internacionales sobre las drogas, pero después de una misión a Portugal en el año 2004, la Junta Internacional de Fiscalización de Estupefacientes señaló que la adquisición, la posesión y el uso indebido de drogas seguían siendo prohibidos, pero que la práctica de eximir las pequeñas cantidades de drogas de la acción penal está en consonancia con los tratados de fiscalización internacional de drogas. Ryan Grim autor del reporte en el Huntington Post comentó que el Director Ejecutivo de la Oficina de Drogas y Crimen de las Naciones Unidas, Antonio María Costa, ha estado examinando y explorando el debate sobre los controles de drogas, reconociendo que los intentos de controlar el flujo y el uso de drogas han generado un mercado negro ilegal de macro proporciones-económicas, los cuales utilizan la violencia y la corrupción como sus principales herramientas. Grim (2009), añadió que a pesar de la mente abierta de Costa sobre el tema, Jack Cole, director ejecutivo de Law Enforcement Against Prohibition (LEAP), un detective de narcóticos ahora jubilado, se opuso a la clasificación del informe de la política actual de control, comentando que el zar de la droga, Costa quiere hacernos creer que el movimiento por la legalización está aclamando por la abolición de la fiscalización de drogas, pero es todo lo contrario, añadió; exigimos que los gobiernos reemplazan la fracasada política de prohibición con un sistema que regula y realmente controla las drogas, incluyendo su pureza y precios, así como su producción y su venta. Cole añadió que el control efectivo no es posible bajo las leyes de prohibición, eso es algo que deberíamos haber aprendido de nuestro fracasado experimento de la prohibición del alcohol en los Estados Unidos entre 1920 y 1933.

CLUB VIZCAYA INTERNACIONAL

Es en este momento en la escritura que debemos advertirle que el Centro para el Desarrollo Intelectual no es sólo un Organización de la tristeza y de la condenación que asume los males de la sociedad. Al contrario, es una organización llena de diversión comprometida con la salud y la felicidad de nuestros miembros. En asociación con el Club Vizcaya Internacional, una organización dirigida por mi esposa Yolanda, los clientes reciben una muestra de ambos mundos. En uno ellos crecen intelectualmente, se fortifican emocionalmente, y aprenden la realidad sobre el mundo. En el otro se establecen un suelto para continuar y divertirse en un ambiente saludable. Ella organiza las fiestas en las que los miembros tanto del club como de la organización son mimados y atendidos a medida que reclaman su derecho a la felicidad. La alimentación saludable y la bebida moderada se animan en estas actividades llenas de diversión, y los miembros se alejan con la noción de que el mundo es suyo para la toma. Un programa de construcción único tiene miembros que visualizan las posibilidades de poseer sus casas de manera directa, no en asociación con ningún banco o institución financiera manipuladora. Una Cardiosalsa intensa y un enfoque único para cocinar y comer mantiene a los miembros sanos y felices ya que a su vez trabajan para mejorar las vidas de los demás. Esto es lo que nos referimos como una situación ganar. Las comunidades de Vizcaya es el programa de vivienda de lujo que el Club Vizcaya Internacional propone, y completa las intenciones de este proceso es mejorar la vida de las personas reduciendo para ellos su coste de vida. Eso, por supuesto, es sólo para los miembros, y la membrecía está disponible para todos, siempre y cuando sean capaces de seguir algunas reglas básicas de comportamiento.

LA CARDIOSALSA

Si se propone mejorar las vidas de aquellos que eligen ser parte de este proceso es necesario que se empiece con la salud, de nada nos sirve si la salud de todos los que operan en esta organización tengan su salud comprometida.

Tanto el Centro de Desarrollo intelectual y Club Vizcaya Internacional están comprometidos con la salud de todos particularmente los que operan en sus senos, y para ello hemos desarrollado un programa extenso de salud que empieza primero con información adecuada en cuanto a todo lo que el individuo ha de hacer para preservarse de forma saludable.

Como red efectiva de apoyo reconocemos lo difícil que es para el individuo el mantenerse motivado para tomar para sí mismo las acciones necesarias para mantenerse saludable. Es por eso que tomamos en serio la persuasividad y el apoyo emocional como elementos cruciales en el logro de las metas personales que el individuo se impone. Los expertos en el campo de la salud que operan en esta organización aseguran que todo miembro reciba la asistencia necesaria para alcanzar sus metas.

Para mantener la salud las recomendaciones de todos los doctores es que el individuo se mantenga en movimiento y eso reconocemos, requiere de cierto grado de motivación. Una de las formas más efectivas para mantenerse en movimiento es el baile y entre ellos no hay cual que distingue mejor para ese propósito que la salsa. Es una forma de bailar que les brinda felicidad instantánea a sus practicantes, y eso les permite practicarlo por largas horas siempre y cuando el ambiente sea el adecuado.

Los eventos del Club Vizcaya Internacional cumplen con esas metas que son, proveerles a sus miembros un ambiente seguro, y ofrecerles la oportunidad de ejercitarse por horas cumpliendo así con las recomendaciones de sus doctores.

Vinculado a ello están los programas de nutrición e información sobre los métodos avanzados que existen para el mantenimiento de la salud. Aquí los miembros reciben información certera sobre los radicales libres, antioxidantes, la hidrogenación de las grasas, los carbohidratos refinados, las infecciones, las inflamaciones y el deterioro de las células del cuerpo.

El costo de participación en un programa avanzado como el nuestro está al alcance de todos así que le invitamos a participar.

Dentro de la multiplicidad de actividades que maneja la Corporación Vizcaya International se encuentra la promoción de eventos, en particular conciertos de salsa promoviendo el ritmo y la felicidad que contiene este género musical. Seres de todas culturas y edades participan en estos conciertos salseros llevados a cabo en un ambiente altamente disciplinado.

CONCLUSIÓN

No hay mucho que pueda decirse a modo de conclusión sobre un tema tan complejo como el que se aborda aquí, por lo que al riesgo de aburrir al lector intentaré terminar con una nota alta y esperanzadamente más alentadora, intentaré eso. Por extraño que parezca, lo que se propone en estas páginas es un nuevo acercamiento a la psicología, al proceso psicoterapéutico y a la relación humana en general. Hasta qué punto este nuevo enfoque propuesto alcanza a integrarse en el subconsciente de cualquier persona, pero he comprometido el resto de mi tiempo de este planeta a velar por que esta propuesta se arraigue y que aquellos que deseen beneficiarse de este nuevo enfoque pueden hacerlo sin reservas ni limitaciones. Afortunadamente no requiere una nueva estructura, sino que simplemente se basa en lo que ya existe, agregando un giro a la misma. Ese giro es la honestidad brutal con respecto no sólo al nacimiento de nuestro planeta, sino también el comienzo de la vida en él y todo lo que viene a partir de entonces. Por simplista que esto pueda parecer, los que son capaces de manejar este enfoque son pocos. Dicho esto, el proceso ya está en camino, y todo está siendo asumido por el Centro para el Desarrollo Intelectual, la organización dirigida por mi persona. El nombre fue elegido para que no exista duda alguna sobre lo que representa la organización. La aplicación vigorosa del intelecto es una práctica que se desanima en gran medida en nuestro mundo, y hay quienes creen que esto es por diseño. No tengo ninguna opinión sobre si esto está destinado a ser, sé, sin embargo, que para participar en estas filas deben estar dispuestos a aplicar el intelecto. Esto tampoco es un intento de separar a los pensadores de los no pensadores, sino más bien una determinación de excluir a aquellos que han renunciado a sus derechos de pensar y de funcionar a un nivel superior intelectualmente. La organización no se preocupa por los números o las estadísticas, se refiere a aquellos que optan por la función a un nivel superior y ayudarlos a encontrar un lugar que alienta tal determinación, y que tengan éxito en su objetivo de cultivar una mejor especie. Comprender la trayectoria de la especie humana es un componente clave de la estabilidad emocional y la salud mental. Esa es la premisa detrás del método psicoterapéutico introducido en estas páginas.

Bibliografía

Ardrey, R. (1963). *Génesis Africano: Una investigación personal en los orígenes animales y la naturaleza de la humanidad.* Nueva York N.Y. Delta Books.

Borden, W. (1999). *Enfoques comparativos en psicoterapia dinámica*. Binghamton N.Y. Haworth Press.

Bradley, K., y Cartledge, P. (2011). La historia mundial de la esclavitud: Volumen 1. Nueva York NY: Universidad de Cambridge Press.

Breuer, J. Freud, S, y Luckhurst, N. (2004). Estudios en histeria. Nueva York. Penguin Books.

Bringuier, J.C., & Piaget, J. (1977). Conversaciones con Jean Piaget. Francia Ediciones Laffont, S.A.

Brodie, F. (1971). Nadie conoce mi historia: La vida de José Smith, el profeta Mormón. New York N.Y. Alfred A. Knopf Publishers.

Brodrick, A. (1964). Man and his ancestry. New York. N Y. Fawcett World Library.

Brown, P. (2010). Iglesia de mentiras. San Francisco, CA. Jossey-Bass.

Carlisle, R. (1975). *Las raíces del nacionalismo negro.* Port Washington NY: National University Press.

Carter, R. (1999). *Mapeando la Mente*. Berkeley y Los Ángeles. Universidad de California Press.

Colaiaco, J. (2006). Frederick Douglass y el Cuatro de Ju lio. Nueva York NY: Palgrave Macmillan.

deMause, L.(1974). La historia de la infancia. Nueva York, N.Y. La Psicohistoria Press.

deMause, Lloyd. (1992). La historia del abuso infantil. El Diario de la Psicohistoria, 25. (3).

de Mause, Lloyd. (2002). La Vida Emocional de las Na ciones. Nueva York. Otros Press LLC.

Despert, L. (1970). El niño emocionalmente perturbado: una investigación en patrones familiares. Garden City, N.Y. Double Day & Company, Inc.

Dewey, J. (1902). La escuela y la sociedad. Chicago IL La Prensa de la Universidad de Chicago.

Dodds, A. (2009). Las fes Abrahámicas Continuidad y discontinuidad en la doctrina cristiana e islámica. *Evangelical Quarterly, 81 (3), pp 24, 230, 253.*

Duncan, B. Miller, S, y Sparks, J. (2004). El cliente heroi co, Una manera revolucionaria de mejorar la efectividad a través de la terapia dirigida a los clientes, informada por los resultados. San Francisco, CA. Jossey-Bass, Editores.

Ellis, A. & Dryden, W. (1997). La práctica de la terapia racional de la conducta emotiva. New York Springer Publishing Co.

Erikson, E. (1980). Identidad y ciclo de vida, Volumen 1. New York W.W. Norton & Company, Inc.

Gates, H. L. (1994). Autobiografías de Frederick Dou glass. Nueva York NY: Clásicos literarios de los Estados Unidos.

Genovese, E. (1972). El mundo que los esclavos hicieron. Nueva York, NY: Random House Inc.

Green, D. (1998). Vidas ocultas: voces de niños en Améri ca Latina y el Caribe. Londres. Cassell Wellington House.

Harlan, L. (1983). Booker T. Washington: El mago de

Tuskegee. Nueva York. NY: Oxford University Press.
Harris, S. (2005). El fin de la fe: la religión, el terror y el futuro de la razón. Nueva York N.Y. W. W. Norton & Company.
Haugen, B. (2006). Joseph Stalin: Dictador de la Unión Soviética. Minneapolis MN. Compass Point Books.
Ibáñez, F. (1964). Tales of Philosophy. New York N Y. Clark son N Potter, Inc/Publisher.
Kramer, R. (1976). Maria Montessori: una biografía. Chi cago Ill. Universidad de Chicago Press.
Levering, D. (2000). W.E.B Du Bois, la lucha por la igual dad y el siglo Americano, 1919-1963. New York, NY: Henry Holt y Company, LLC.
Lloyd, P. y Fernyhough, C. (1999). Lev Vygotsky: evalua ciones críticas, Volumen 1. Nueva York Rutledge.
Loentz, Elizabeth. (2007). Permítanme continuar diciendo la verdad: Bertha Pappenheim como autora y activista. Jerusalem Hebrew Union College Press.
MacMillan, Margaret. Juegos Peligrosos, Usos y Abusos de la Historia. The Modern Library Books, una división de Random House Nueva York, 2008.
Manning, S. (2004). Psicología, simbolismo y saber: en frentar la disfunción religiosa en un mundo cambiante. Otsego MI: Page Free Publishing, Inc.
Mc Ginn, L. (1997). Revista Americana de Psicoterapia. 51 (3), p. 309.
Miller, A. (1998). Las consecuencias políticas del maltrato infantil. El Diario de la Psicohistoria, 26. (2).

Miller, W.R. y Rollnick, S. (1987). Entrevista motivacio nal: preparando al individuo para el cambio.

Miller, W. R. (1994). Manual de terapia de realce motiva cional: una guía de investigación clínica para terapeutas que tratan a personas con abuso y dependencia de alcohol Volumen 20.

Montessori, M. & Wyman, H. (1912). El Método Montes sori: La pedagogía científica aplicada a los niños en la educación. Nueva York Frederick A. Stokes Co.

Montessori, M. (2004). El Descubrimiento del Niño. Delhi, India. Aakar Books.

Mooney, C.G. (2000). Teorías de la infancia. Introducción a Dewey, Montessori.

Moore, J. (1965). Booker T. Washington, W.E.B. Du Bois, y la lucha por el levantamiento racial. Wilmington, DE. Scholarly Resources Inc.

Payne, G.H., & Jacobi, A. (1916). El niño en el progreso humano. Nueva York. Hijos de G. P. Putnam.

Poussant, A. (2000). *Lay My Burden Down: El suicidio y la crisis de salud mental entre los Afroamericanos*. Boston MA. Beacon Press.

Woodson, C.G. (1933). La educación errónea del Negro. Washington, DC: The Associate Publishers Inc.

Reuter, C. (2004). Mi vida es un arma: La historia del bombardeo suicida. Princeton N.J Princeton University Press.

Riak, J. (2009). Plain Talk About Spanking. Disponible [Enlínea] http://www.nospank.net/pt2009.htm.

Rieber, R. y Robinson, D. (2001). Wilhelm Wundt En la historia: la creación de una psicología científica. Nueva York Plenum Publishers.

Robinson, B.A. (2004). Consultores de Ontario sobre la tolerancia religiosa Obtenido 1/11/11 http://www.religioustolerance.org/flds.htm

Roekeach, M. (1960). Entendiendo los valores humanos: individuales y societales. Nueva York, Nueva York: The Free Press.

Strauss, M. Donnelly, D. (2009). *Azotando al diablo que llevan por dentro: el castigo corporal en las familias estadounidenses y sus efectos sobre los niños*. Nuevo Brunswick. Editores Transaccionales.

Strauss, M. (2009). Universidad de New Hampshire Los niños que son azotados tienen coeficientes de inteligencia más bajos, hallazgos de investigación nuevos. *Ciencia diaria*. Disponible (En línea) http: /www.science-daily.com

Declaración de las Naciones Unidas de los Derechos del Niño. Disponible [En línea.] www2.ohchr.org/English/law/crc.htm.

Verhellen, E. (1996) .Monitorización de los derechos del niño. La Haya, Países Bajos. Kluwer Law International.

Wall, E. &, Pulitzer, L. (2009). Inocencia robada: Crecien do en una secta polígama, y liberándome de Warren Jeffs. New York, N.Y., Harper Collins.

Wampold, B. E. (2001). El gran debate de la psicoterapia: modelos, métodos y hallazgos. Mahwah N. J. Lawrence Earlbaum Associates Publishers.

Williams, E. (1944). Capitalismo y esclavitud Chapel Hill, NC: La Universidad de Carolina del Norte.

Williams, C. (1987). La destrucción de la civilización Ne gra, Grandes logros de una raza 4.500 A.C. a 2000 A.D. Chicago IL: Third World Press.

Woodson, C. (1933). La educación errónea del Negro. San Diego, CA: Los editores del árbol del libro.

Wundt, W. M. (1904). Principios de psicología fisiológica, Volumen 1. Nueva York. El Macmillan Co.

Gilligan, C. (1982). *In A Different Voice*, Cambridge MA: Harvard University Press.